化学反应器操作与控制

主　编　黄康胜　王漫萍

参　编　徐　淳　胡春玲　冯西平

主　审　李　晋

北京理工大学出版社
BEIJING INSTITUTE OF TECHNOLOGY PRESS

内 容 简 介

本书包括釜式反应器、管式反应器、固定床反应器、流化床反应器、填料塔反应器、鼓泡塔反应器6种反应器的操作与控制，涵盖了化工生产的主要反应器类型。以反应器结构类型划分模块，每一模块下设计"认识反应器，反应器开车、停车操作，反应器操作常见异常现象与处理，反应器日常维护与检修"等学习任务，按认识事物和工作过程的顺序，由浅入深编排，使学习者掌握反应器操作与控制所需的知识和技能。由于各个模块是独立完整的学习单元，不存在逻辑上的递进关系，所以学习者可根据需要，灵活选择学习内容，确定学习顺序。

本书可作为化工技术类专业教材，也可作为企业职工培训用书，同时也可供有关部门的科研及生产一线技术人员阅读参考。

版权专有　侵权必究

图书在版编目（CIP）数据

化学反应器操作与控制 / 黄康胜，王漫萍主编 . --
北京：北京理工大学出版社，2022.9
　　ISBN 978-7-5763-1721-3

　　Ⅰ.①化…　Ⅱ.①黄…　②王…　Ⅲ.①反应器－高等
学校－教材　Ⅳ.① TQ052.5

中国版本图书馆 CIP 数据核字（2022）第 170813 号

出版发行 / 北京理工大学出版社有限责任公司
社　　　址 / 北京市海淀区中关村南大街5号
邮　　　编 / 100081
电　　　话 / （010）68914775（总编室）
　　　　　　　（010）82562903（教材售后服务热线）
　　　　　　　（010）68944723（其他图书服务热线）
网　　　址 / http://www.bitpress.com.cn
经　　　销 / 全国各地新华书店
印　　　刷 / 河北鑫彩博图印刷有限公司
开　　　本 / 787毫米×1092毫米　1/16
印　　　张 / 15
字　　　数 / 322千字
版　　　次 / 2022年9月第1版　2022年9月第1次印刷
定　　　价 / 69.00元

责任编辑 / 多海鹏
文案编辑 / 闫小惠
责任校对 / 周瑞红
责任印制 / 王美丽

前 言
PREFACE

就业导向的职业教育不仅确定了课堂教学目标，也明确了课堂教学内容，甚至也制约了课堂教学的组织方式——所有这些都要求必须围绕典型岗位的职业活动来进行。为了使职业教育实用高效，必须开发与之配套的教材。为此国务院在《国家职业教育改革实施方案》中倡导使用新型工作手册式教材并配套开发信息化教学资源，以此解决部分院校教材建设与实际脱节、内容更新不及时、教材选用不规范等问题。教育部在《职业院校教材管理办法》中进一步明确了教材编写的思路：专业课程教材突出理论和实践相统一，注重以真实生产项目、典型工作任务等为载体组织教学单元，倡导开发工作手册式新形态教材。

高职应用化工技术专业主要培养从事化工工艺管理、生产现场操作、中控操作、班组长等一线生产和管理工作的高素质技术技能人才，毕业生很少从事反应器设计计算和开发工作。《化学反应过程与设备》是高职化工类专业的核心课程，现有教材的内容和组织结构与上述人才培养定位和目标都不太匹配，亟须开发新型教材以适应本专业人才培养的要求。本书的面世是为适应这一要求所做的努力和尝试。

本书以反应器结构类型划分模块，各模块彼此独立，每个模块包括反应器的结构组成和作用，反应器的开车、停车操作，反应器操作常见异常现象与处理，反应器日常维护与检修，将重点放在反应器操作必须具备的知识和能力培养上，使学生具备从事相关岗位工作的能力。为了使学生能够举一反三，具有反应器操作的迁移能力，教材编写中特别注意操作要点、控制方法的总结归纳，力求概括出一些共性的东西。为便于采用项目化、任务驱动、翻转课堂等现代职教方法和线上线下相结合的教学方式，教材配套建设了丰富的数字化资源，以二维码形式插入，既有利于以学生为中心开展教学，又有助于学生提升学习体验与效果。

反应器操作与控制是化工生产操作的核心，技术密集，难度深广，每一种反应器类型、每一个生产过程的顺利完成，都需要学习者反复大量的练习，具有追求卓越和精益求精的工匠精神。由于本书涉及反应工程理论和化学过程分析，理论难度较大，学习者除了要具备科学的思维，更需要不怕困难、勇于探索的勇气。化工生产对从业者的职业能力和道德素养要求与思政教育要求浑然一体，如盐入水，培养学生掌握知识、技能和养成素质的过程就是思政教育的过程和学生品格与理想信念的形成过程。

本书为校企双元开发教材，参编人员有四川化工职业技术学院黄康胜、徐淳、胡春玲、冯西平4位老师和泸州天然气化工有限公司王漫萍高级工程师，由黄康胜和王漫萍任主编，李晋教授主审。全书共6个模块，其中模块1和模块3由黄康胜编写，模块2由王漫萍编写，模块4由胡春玲编写，模块5由徐淳编写，模块6由冯西平编写，全书由黄康胜统稿。本书编写过程中，四川化工职业技术学院应用化工学院的领导和全体教师给予了重大和宝贵的帮助和支持，在此表示衷心的感谢！特别感谢北京理工大学出版社编辑在教材出版中的辛勤付出，其严谨细致、一丝不苟的治学精神让人深感钦佩。

由于编者学术水平与实践经验有限，本书存在不妥之处在所难免，恳请广大教师和读者提出宝贵意见，以便提升教材质量，增进读者更好的学习体验。

编　者

目录

CONTENTS

◄◄◄◄◄◄
化学反应器操作与控制

模块 1
釜式反应器操作与控制

模块描述

　　釜式反应器因其结构简单、加工方便、操作灵活等特点成为化工生产中应用最为广泛的化学反应设备之一，釜式反应器操作是高职应用化工技术专业的毕业生大概率会遇到的岗位工作内容。掌握釜式反应器的相关知识和技能是化工总控操作人员的最基本要求。

　　本模块依据《化工总控工国家职业标准》中级工职业标准"化工装置总控操作——开车操作、运行操作和停车操作"要求的知识点与技能点，通过"学习任务 1 认识釜式反应器、学习任务 2 釜式反应器开车操作、学习任务 3 釜式反应器停车操作、学习任务 4 釜式反应器操作常见异常现象与处理、学习任务 5 釜式反应器日常维护和检修"学习训练，使学习者具备比较熟练操作和控制釜式反应器的能力。

模块分析

　　反应器结构不同，反应器内流体流动形态、物料的浓度、温度和停留时间分布也不相同。反应体系的特点和工艺要求不同，对操作的浓度、温度和停留时间的要求也不同。因此，学习釜式反应器的操作与控制首先应了解釜式反应器的结构组成和作用。由于反应器操作和控制的主要内容包括反应器开车、停车操作，故障的分析和处理，日常维护和检修等实践内容，为了让学习者在实际操作中学习知识，培养技能，积累经验，选择以真实的化工产品生产过程为背景开发的仿真平台，结合真实反应设备或模型，按照认识事物的规律和工作过程顺序组织学习任务，使学习者在实训现场和仿真操作中学习，提高参数的控制和调节水平，达到本模块的学习目标。

学习目标

知识目标：

1. 了解釜式反应器的工业应用。

2. 熟悉釜式反应器的外形特征。

3. 掌握釜式反应器的结构组成和作用。

能力目标：

1. 能绘制釜式反应器结构简图。

2. 能分析操作条件变化对反应速率和产物分布的影响。

3. 能进行釜式反应器的开车、停车操作。

4. 能对釜式反应器生产过程中的异常现象进行分析、判断和处理。

5. 能对釜式反应器进行简单的日常维护和检修。

素质目标：

1. 培养安全生产意识、环境保护意识、节能意识、成本意识。

2. 树立规范操作意识、劳动纪律和职业卫生意识。

3. 具备资料查阅、信息检索和加工整理等自我学习能力。

4. 具有沟通交流能力、团队意识和协作精神。

5. 培养发现、分析和解决问题的能力。

6. 培养克服困难的勇气和精益求精的工匠精神。

学习任务 1　认识釜式反应器

学习釜式反应器的工业应用、分类、结构组成及作用等。

(1)描述釜式反应器的外形结构特点；

(2)指出釜式反应器的结构组成，描述各构件(壳体、搅拌装置、换热装置和轴封)的结构形式和作用；

(3)绘制釜式反应器的结构简图。

完成本次任务需要具备以下知识：

(1)化工单元操作热质传递知识；

(2)化学反应分类知识；

(3)化学反应器分类知识；

(4)反应器中的流体流动知识；

(5)化工设备基础知识；

(6)化工制图知识。

预习测试

1.1　釜式反应器在化工生产中的应用

釜式反应器是低高径比的圆筒形反应器。因其结构简单、加工方便，传质效率高，温度分布均匀，操作灵活性大，操作条件(温度、浓度、停留时间等)可控范围广，便于更换品种，能够适应多样化生产，被广泛应用于石油化工、橡胶、农药、染料、医药等行业或产业，用以完成磺化、硝化、加氢、烃化、聚合、缩合等工艺过程。有机染料和医药中间体的许多其他工艺过程的反应设备，也多采用釜式反应器。聚合反应过程约 90% 采用搅拌釜式反应器，如聚氯乙烯，美国 70% 以上用悬浮法生产，采用 $10\sim150\ \mathrm{m}^3$ 的搅拌釜

釜式反应器的
工业应用

式反应器；德国氯乙烯悬浮聚合采用的是 200 m³ 的大型搅拌釜式反应器；我国生产聚氯乙烯，大多采用 13.5 m³、33 m³ 不锈钢或复合钢板的聚合釜式反应器，以及 7 m³、14 m³ 的搪瓷釜式反应器。采用本体熔融缩聚生产的涤纶树脂，其聚合反应也采用釜式反应器。在染料、医药、香精等精细化工生产行业中，几乎所有的单元操作都可以在釜式反应器中进行。

釜式反应器可用于液相均相反应过程，以及以液相为主的液－液、气－液、液－固、气－液－固等非均相反应过程。反应器内常设有搅拌（机械搅拌、气流搅拌等）装置，在高径比较大时，可采用多层搅拌桨叶。在反应过程中，物料需加热或冷却时，可在反应器器壁处设置夹套，或在器内设置换热面，也可通过外循环进行换热。

釜式反应器按操作方式可分为间隙（分批）式、半间歇（或半连续）式和连续式三种操作方式。

1.2 釜式反应器的结构

从外形看，釜式反应器一般是高度和直径相近的槽罐式结构，主要由壳体、搅拌装置、轴封和换热装置四大部分组成。其基本结构如图 1.1-1 所示。

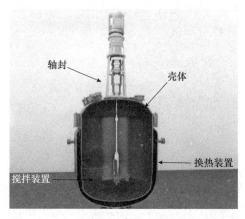

图 1.1-1 釜式反应器的基本结构

1.2.1 壳体

壳体是发生物质转变的空间场所。釜式反应器的壳体由圆形筒体、釜盖、釜底三部分构成。釜盖与筒体的连接有两种方法：一种是盖子与筒体直接焊死，构成一个整体；另一种是采用法兰连接以便于拆卸。釜盖上一般开有人孔（当圆筒直径较大时）或手孔（当圆筒直径较小时）及工艺接管口等。釜底常用的形状有平面形、碟形、椭圆形和球形，如图 1.1-2 所示。平面形结构简单，容易制造，一般在釜体直径小、常压（或压力不大）条件下操作时采用；碟形或椭圆形应用较多；球形多用于高压反应器；当反应后物料需用分层法使其分离时，可应用锥形釜底。

壳体材料根据工艺要求确定，最常用的是铸铁和钢板，也有采用合金钢或复合钢

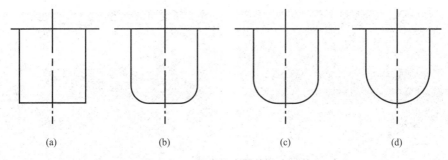

图 1.1-2 釜式反应器的釜底形状

(a)平面形；(b)碟形；(c)椭圆形；(d)球形

板。当用来处理有腐蚀性介质时，则需用耐腐蚀材料来制造，或者将反应釜内衬内表搪瓷、瓷板或橡胶。

1.2.2 搅拌装置

釜式反应器通常都带有搅拌装置，它是釜式反应器的一个关键部件。搅拌的目的是加强反应釜内物料的混合，以强化传质和传热。在化学工业中常用机械搅拌装置。典型的机械搅拌装置如图 1.1-3 所示。

图 1.1-3 典型的机械搅拌装置

机械搅拌装置主要由搅拌器、辅助部件和附件构成。

（1）搅拌器。搅拌器是实现搅拌操作的主要部件，其主要的组成部分是搅拌轴和叶轮。叶轮随轴旋转将机械能施加给反应釜内的物料（主要为液体），促使物料快速运动，加快了表面更新速率，提高了传质速率，使反应釜内的物料浓度均匀，温度也比较均匀。

工业常用的搅拌器类型如图 1.1-4 所示。

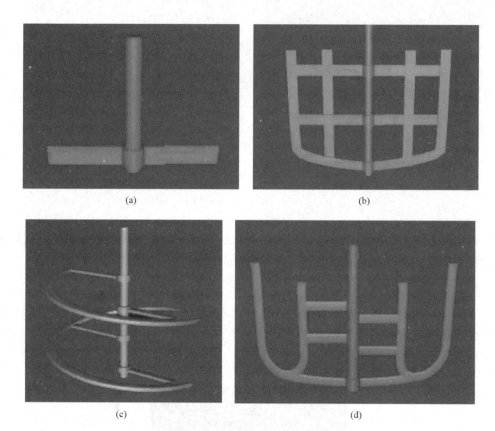

图 1.1-4　工业常用搅拌器类型

(a)桨式搅拌器；(b)框式搅拌器；(c)螺带式搅拌器；(d)锚式搅拌器

1)桨式搅拌器。桨式搅拌器由桨叶、键、轴环、竖轴组成。桨叶一般用扁钢或角钢制造，当被搅拌物料对钢材腐蚀严重时，可采用不锈钢或有色金属制造，也可采用在钢制桨叶的外面包覆橡胶、环氧树脂或酚醛树脂、玻璃钢等材质。

桨式搅拌器的转速较低，一般为 20～80 r/min，圆周速度在 1.5～3 m/s 比较合适。桨式搅拌器直径取反应釜内径的 1/3～2/3，桨叶不宜过长，因为搅拌器消耗的功率与桨叶直径的五次方成正比。当反应釜直径很大时，采用两个或多个桨叶。

桨式搅拌器适用于流动性大、黏度小的液体物料，也适用于纤维状和结晶状的溶解液，如果液体物料层很深时，可在轴上装置数排桨叶。

2)框式和锚式搅拌器。

①框式搅拌器可视为桨式搅拌器的变形，即将水平的桨叶与垂直的桨叶连成一体成为刚性的框子，其结构比较坚固，搅动物料量大。如果这类搅拌器底部形状和反应釜底形状相似，通常称为锚式搅拌器。

②框式搅拌器直径较大，一般取反应器内径的 2/3～9/10，线速度为 0.5～1.5 m/s，转速为 50～70 r/min。框式搅拌器与釜壁间隙较小，有利于传热过程的进行，快速旋

转时搅拌器叶片所带动的液体把静止层从反应釜壁上带下来，慢速旋转时有刮板的搅拌器能产生良好的热传导。这类搅拌器常用于传热、晶析操作和高黏度液体、高浓度淤浆和沉降性淤浆的搅拌。

3)螺带式和螺杆式搅拌器。

①螺带式搅拌器常用扁钢按螺旋形绕成，直径较大，常做成几条紧贴釜内壁，与釜壁的间隙很小，所以，搅拌时能不断地将粘于釜壁的沉积物刮下来。螺带的高度通常取罐底至液面的高度。

②螺带式搅拌器和螺杆式搅拌器的转速都较低，通常不超过 50 r/min，产生以上下循环为主的流动，主要用于高黏度液体的搅拌。

除以上常用的搅拌器外，工业上还使用转速较高的涡轮式搅拌器和推进式搅拌器。

4)涡轮式搅拌器。涡轮式搅拌器有多种结构形式。按照有无圆盘可分为圆盘涡轮搅拌器和开启涡轮搅拌器；按照叶轮又可分为平直叶搅拌器和弯曲叶搅拌器。

涡轮式搅拌器速度较大，线速度为 3～8 m/s，转速为 300～600 r/min。

涡轮式搅拌器的主要优点是当能量消耗不大时搅拌效率较高，搅拌产生很强的径向流，适用于乳浊液、悬浮液等。

5)推进式搅拌器。推进式搅拌器常用整体铸造，加工方便。搅拌器可用轴套以平键(或紧固螺钉)与轴固定。通常为两个搅拌叶，第一个搅拌叶安装在反应釜的上部，把液体或气体往下压；第二个搅拌叶安装在下部，把液体往上推。搅拌时能使物料在反应釜内循环流动，上下翻腾效果良好。当需要更大的流速时，反应釜内设有导流筒。

推进式搅拌器直径取反应釜内径的1/4～1/3，线速可达 5～15 m/s，转速为 300～600 r/min。

(2)辅助部件和附件。其包括搅拌电机、支架、减速箱、密封装置、挡板和导流筒等。

搅拌附件通常是指在搅拌釜内为了改善流动状态而增设的零件，如挡板、导流筒等。有时，釜内某些零件不是专为改变流动状态而增设的，但因为对液流也有一定的阻力，也会起到这方面的部分作用，如传热蛇管、温度计套管等。

1)挡板。挡板一般是指长条形的竖向固定在管壁上的板，如图 1.1-5 所示，主要是在湍流状态时为了消除切线流和"打漩"现象而增设的。当做圆周运动的液体碰到挡板后，液体改变 90°方向，或者顺着挡板做轴向运动，又或者垂直于挡板做径向运动，从而改善搅拌效果。

2)导流筒。导流筒主要用于推进式、螺杆式搅拌器的导流，涡轮式搅拌器有时也用导流筒。导流筒是一个圆形筒，紧紧包围着叶轮。导流筒可以为液体限定一个流动路线以防止短路，也可以迫使流体高速流过加热面以利于传热。对于混合和分散过程，导流筒也能起到强化作用。

1.2.3 轴封

轴封用来防止反应釜主体与搅拌轴之间的泄漏。轴封主要有填料密封和机械密封

图 1.1-5　釜式反应器的挡板和导流筒

两种。

（1）填料密封。填料箱由箱体、填料、油环、衬套、压盖和压紧螺栓等零件组成。旋转压紧螺栓时，压盖压紧填料，使填料变形并紧贴在轴表面上，达到密封的目的。填料箱结构如图 1.1-6 所示。

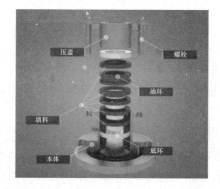

图 1.1-6　填料箱结构

在化工生产中，轴封容易泄漏，一旦有毒气体逸出，会污染环境，甚至发生事故，因而需控制压紧力。压紧力过大，轴旋转时轴与填料间摩擦增大，会使磨损加快。在填料处定期加润滑剂可减少摩擦，并能减少因螺栓压紧力过大而产生的摩擦发热。

填料要富有弹性，有良好的耐磨性和导热性。填料的弹性变形要大，使填料紧贴转轴，对转轴产生收缩力，同时，还要求填料有足够的圈数。

使用中由于磨损应适当增补填料，调节螺栓的压紧力，以达到密封效果。填料压盖要防止歪斜。有的设备在填料箱处设有冷却夹套，可防止填料摩擦发热。

填料密封安装要点：安装时，应先将填料制成填料环，接头处应互为搭接，其开口坡度为 45°，搭接后的直径应与轴径相同；每层接头在圆周内的错角按 0°、180°、90°、270°交叉放置；压紧压盖时，应均匀、对称拧紧，压盖与填料箱端面应平行，且四个方位的间距相等。填料箱体的冷却系统应畅通无阻，保证冷却的效果。

釜式反应器机械
密封原理

（2）机械密封。机械密封在反应釜上已被广泛应用，其结构和类型繁多，工作原理和基本结构相同。如图 1.1-7 所示是一种结构比较简单的反应釜机械密封装置。

图 1.1-7　机械密封装置

机械密封装置由动环、静环、弹簧加荷装置（弹簧、螺栓、螺母、弹簧座、弹簧压板）及辅助密封圈四部分组成。由于弹簧力的作用使动环紧紧压在静环上，当轴旋转时，弹簧座、弹簧、弹簧压板、动环等零件随轴一起旋转，而静环则固定在座架静止不动，动环与静环相接触的环形密封面阻止了物料的泄漏。

机械密封结构较复杂，但密封效果甚佳。机械密封的安装及日常维护要点如下：

1）拆装要按顺序进行，不得磕碰、敲打；

2）安装前检验每个弹簧的压紧力，严格按规程装配；

3）保持动、静环的垂直和平行，防止脏物进入；

4）开车前一定要将平衡管进行排空，保证冷却液体在前、后密封的流动畅通；

5）要盘车看是否有卡住现象，以及密封处的泄漏情况；

6）开车后检查泄漏情况，要求泄漏不大于 15～30 滴/min；

7）检查动、静环的发热情况，平衡管及过滤网有无堵塞现象。

1.2.4　换热装置

换热装置是用来加热或冷却反应物料使之符合工艺要求的温度条件的设备。其结构类型主要有夹套式、蛇管式、列管式、外部循环式等，也可用直接火焰或电感加热，如图 1.1-8 所示。

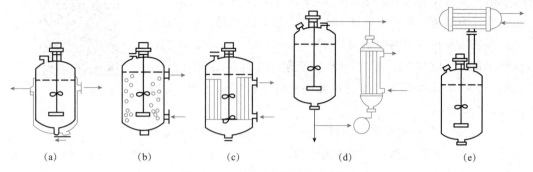

图 1.1-8　釜式反应器的换热装置

(a)夹套式；(b)蛇管式；(c)列管式；(d)外部循环式；(e)回流冷凝式

任务实践

一、任务分组

学生分组表

班级		组号		指导教师	
组长		学习任务		认识釜式反应器	
序号	姓名/小组		学号		任务分配
1					
2					
3					
4					
5					
6					

二、任务实施

任务一

1. 识读下面釜式反应器结构简图，写出釜式反应器结构组成和作用。

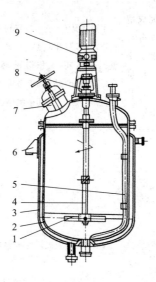

2. 为什么釜式反应器往往既有加热装置，又有冷却装置？

3. 通常釜式反应器传质效率高，浓度分布均匀，影响传质效率的因素有哪些？

4. 从反应热效应、对温度变化的敏感性角度分析釜式反应器适用反应类型。

任务二

1. 绘制釜式反应器外形结构简图，并注明各部分名称。

2. 查阅资料，了解釜式反应器的发展趋势，撰写书面报告。

三、任务评价

任务评价表

评价类别	姓名	评价项目及标准				小计
		任务完成情况(0～3分),认真对待、全部完成、质量高得3分,其余酌情扣分	书写状况(0～2分):书写工整、漂亮得2分,其余酌情扣分	参与讨论情况(0～2分):积极讨论,认真思考得2分,其余酌情扣分	承担课堂汇报或展示情况(2～3分,主动承担汇报或展示得3分,指定承担2分)	
小组自评(评价小组内的其他成员,满分10分)						
小组互评(组长汇总评价其他小组,满分10分)	组别	课堂汇报或展示完成情况				小计
		未完成汇报或展示计0分	完成汇报或展示计3分	声音洪亮、表达清晰、内容熟悉、落落大方得4分,其余酌情扣分(1～4分)	回答问题情况:认真对待提问,回答正确,语言组织好得3分,其余酌情扣分(0～3分)	
教师评价(小组成员加、扣分同时计入个人得分,最高5分,最低－5分)	组别	扣分(小组成员讲话、打瞌睡、玩手机或做其他与课堂环节无关的事计－5～－2分)		加分(主动提问、积极回答问题等计2～5分)		小计

说明：

1. 以 4～6 人为一组，人数不宜太多。

2. 小组得分＝小组互评平均分＋教师对小组评分。

3. 个人最后得分＝小组自评分＋小组得分×修正系数＋教师对个人评分。

4. 修正系数＝$\dfrac{\text{个人小组自评得分}}{\text{小组自评平均分}}$×小组互评平均分。

5. 个人得分超过 20 分，以 20 分记载，最低以 0 分记载。

6. 小组自评分由小组长汇总计算个人平均。

7. 个人最后得分由课代表或班委汇总记录。

8. 以上评价均是针对前面的课堂任务或讨论，课程教师也可自行设计任务或讨论的问题。

四、课堂测试

满分 10 分，扫码完成课堂测试。

课堂测试

（课堂测试成绩截图）

五、总结反思

根据评价结果，总结经验，反思不足。

课后任务

预习釜式反应器开车操作。

学习任务2 釜式反应器开车操作

学习釜式反应器备料、进料和开车操作等。

(1)叙述2-巯基苯并噻唑的生产原理、主要设备和工艺参数;

(2)叙述2-巯基苯并噻唑生产的工艺过程;

(3)绘制2-巯基苯并噻唑的生产装置简图;

(4)完成釜式反应器2-巯基苯并噻唑生产的开车操作;

(5)控制釜式反应器的温度、压力等重要的工艺参数。

任务准备

完成本次任务需要具备以下知识:

(1)2-巯基苯并噻唑的生产原理和工艺流程知识;

(2)化学反应动力学基础知识;

(3)复杂反应类型知识;

(4)复杂反应的选择性、目标产物收率等知识。

预习测试

知识储备

2.1　釜式反应器开车操作的项目背景

2.1.1　2-巯基苯并噻唑的生产原理

间歇反应在助剂、制药、染料等行业的生产过程中很常见。本工艺过程的产品(2-巯基苯并噻唑)是橡胶制品硫化促进剂DM(2,2-二硫代苯并噻唑)的中间产品,其本身也是硫化促进剂,但活性不如DM。

2-巯基苯并噻唑生产用到的原料有多硫化钠(Na_2S_n)、邻硝基氯苯($C_6H_4ClNO_2$)及二硫化碳(CS_2)三种。主反应如下:

$$2C_6H_4ClNO_2 + Na_2S_n \longrightarrow C_{12}H_8N_2S_2O_4 + 2NaCl + (n-2)S\downarrow$$

$$C_{12}H_8N_2S_2O_4 + 2CS_2 + 2H_2O + 3Na_2S_n \longrightarrow$$

$$2C_7H_4NS_2Na + 2H_2S\uparrow + 2Na_2S_2O_3 + (3n-4)S\downarrow$$

副反应如下：

$$C_6H_4ClNO_2 + Na_2S_n + H_2O \longrightarrow C_6H_6ClN + Na_2S_2O_3 + (n-2)S\downarrow$$

这是一个既有主反应又伴随副反应的复杂反应体系。为了提高目的产物收率，必须提高反应的选择性，保证主反应速率高于副反应速率。在本反应体系中，由于主反应的活化能高于副反应，因此加快升温速率，延长在较高温度下的反应时间有利于目的产物的生成。当温度为 90 ℃时，主、副反应的速率比较接近，因此，要尽量延长反应温度在 90 ℃以上的时间，以获得更多的目的产物。

2.1.2　2-巯基苯并噻唑生产的工艺流程

来自备料工序的 CS_2、$C_6H_4ClNO_2$、Na_2S_n 分别注入计量罐及沉淀罐中，经计量沉淀后利用位差及离心泵压入反应釜中，反应釜温度由夹套中的蒸气、冷却水及蛇管中的冷却水控制。通过控制反应釜温度来控制主、副反应速率，以获得较高的目的产品收率及确保反应过程安全。当 $C_6H_4ClNO_2$ 的浓度降低至 0.1 mol/L 以下时，可终止反应排出物料。

间歇釜反应器开车 1

2-巯基苯并噻唑生产装置的工艺流程如图 1.2-1 所示。

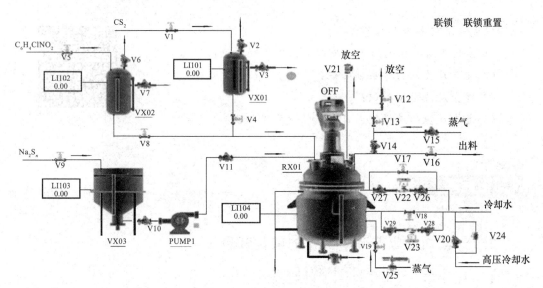

图 1.2-1　2-巯基苯并噻唑生产装置工艺流程

2.1.3 2-巯基苯并噻唑生产的重要设备

(1)RX01：间歇反应釜。

(2)VX01：CS_2 计量罐。

(3)VX02：$C_6H_4ClNO_2$ 计量罐。

(4)VX03：Na_2S_n 沉淀罐。

(5)PUMP1：离心泵。

2.1.4 2-巯基苯并噻唑生产的重要参数

1. 计量参数

(1)VX01(CS_2 计量罐)：1.40 m。

(2)VX02($C_6H_4ClNO_2$ 计量罐)：1.20 m。

(3)VX03(Na_2S_n 沉淀罐)：3.60 m。

2. 控制参数

(1)反应釜中温度：110～128 ℃。

(2)反应釜中压力：≤8 atm①。

(3)冷却水出口温度：≥60 ℃。

2.2 釜式反应器的开车操作

由于间歇操作是分批操作过程，反应釜进料之前反应物料之间需要满足一定的计量配比，进料之后往往需要达到一定的温度条件反应才能进行，因此，釜式反应器的开车操作通常可分为开车前的备料、进料、升温启动、反应控制四个阶段。

2.2.1 备料阶段

(1)向沉淀罐 VX03 进料(Na_2S_n)。

1)开阀门 V9，向罐 VX03 充液。

2)VX03 液位接近 3.60 m 时，关小 V9，至 3.60 m 时关闭 V9。

3)静置 4 min(实际 4 h)备用。

(2)向计量罐 VX01 进料(CS_2)。

1)开放空阀门 V2。

2)开溢流阀门 V3。

3)开进料阀门 V1，开度约为 50%，向罐 VX01 充液。液位接近 1.40 m 时，可关小 V1。

4)溢流标志变绿后，迅速关闭 V1。

5)待溢流标志再度变红后，可关闭溢流阀门 V3。

(3)向计量罐 VX02 进料($C_6H_4ClNO_2$)。

---

① 1 atm＝101.325 kPa。

1)开放空阀门 V6。

2)开溢流阀门 V7。

3)开进料阀门 V5，开度约为 50%，向罐 VX01 充液。液位接近 1.20 m 时，可关小 V5。

4)溢流标志变绿后，迅速关闭 V5。

5)待溢流标志再度变红后，可关闭溢流阀门 V7。

2.2.2　进料阶段

(1)微开放空阀门 V12，准备进料。

(2)从 VX03 向反应器 RX01 进料（Na_2S_n）。

1)打开泵前阀门 V10，向离心泵 PUM1 充液。

2)启动离心泵 PUM1。

间歇釜反应器开车 2

3)打开泵后阀门 V11，向 RX01 进料。

4)至液位小于 0.10 m 时停止进料，关泵后阀门 V11。

5)停泵 PUM1。

6)关泵前阀门 V10。

(3)从 VX01 向反应器 RX01 进料（CS_2）。

1)检查放空阀门 V2，确认打开。

2)打开进料阀门 V4，向 RX01 进料。

间歇釜反应器开车 3

3)待进料完毕后，关闭 V4。

(4)从 VX02 向反应器 RX01 进料（$C_6H_4ClNO_2$）。

1)检查放空阀门 V6，确认打开。

2)打开进料阀门 V8，向 RX01 进料。

间歇釜反应器开车 4

3)待进料完毕后，关闭 V8。

(5)进料完毕后，关闭放空阀门 V12。

2.2.3　升温启动及反应控制阶段

(1)检查放空阀门 V12、进料阀门 V4、V8、V11 是否关闭。打开联锁控制。

(2)开启反应釜搅拌器 M1。

(3)适当打开夹套蒸气加热阀门 V19，观察反应釜内温度和压力上升情况，保持适当的升温速度。

(4)控制反应温度直至反应结束。

2.3　开车操作控制要点

(1)当反应釜温度升至 55～65 ℃时，关闭 V19，停止通蒸气加热。

(2)当反应釜温度升至 70～80 ℃时，微开 TIC101（冷却水阀门 V22、V23），控制升温速度。

(3)当反应釜温度升至 110 ℃以上时，是反应剧烈的阶段。应及时增大 TIC101 阀门开度，防止超温。当温度难以控制时，打开高压水阀门 V20，并关闭搅拌器 M1 以使反应降速。当压力过高时，可微开放空阀门 V12 以降低气压，但放空会使 CS_2 损失，污染大气。

(4)通过调节冷却水 TIC101 阀门开度、开启或关闭高压冷却水阀门 V20，将反应釜温度控制在 110～128 ℃。

2.4 开车操作注意事项

(1)升温启动阶段，应控制好升温速率。蒸气阀开度(＞50％)大，加热时间长(达到 65 ℃之后未及时关闭)，冷却水阀开启时间滞后或开度增大不及时(反应剧烈阶段开度仍然较小)，都容易导致超温而引发联锁动作；升温速率太慢，反应釜长时间处于 90 ℃以下，则会导致目的产物收率较低。

(2)反应到中后期，因原料浓度降低，反应速率下降，反应釜温度不易维持，应逐渐减小冷却水阀开度，以维持反应温度在要求范围。

(3)同时开启加热蒸气和冷却水控制反应釜温度在经济上不合理，会增加动力消耗和产品生产成本。

(4)当反应温度大于 128 ℃时，相当于压力超过 8 atm，已处于事故状态，如联锁开关处于"ON"的状态，则联锁启动(开启高压冷却水阀，关闭搅拌器，关闭加热蒸气阀)。联锁启动之后，应待反应釜温度下降到合适值再打开"联锁重置"，恢复反应，温度太高时"联锁重置"往往会导致系统的联锁再次动作。当系统温度太低，可关闭冷却水，开启蒸气重新升温。

(5)压力超过 15 atm(相当于温度大于 160 ℃)，反应釜安全阀作用。

2.5 主要工艺指标的控制和调节方法

(1)反应釜温度。反应釜温度主要通过调节 TIC101 开度控制，采用分程控制。当移热要求不高，开度小于 50％，只开启一路冷却水；当移热要求高，开度大于 50％，则开启两路冷却水以控制温度。操作过程中以温度为主要调节对象，以压力为辅助调节对象。升温慢会引起副反应速度大于主反应速度的时间段过长，因而引起反应的产率低；升温快则容易反应失控。

(2)反应釜压力。压力调节主要是通过调节温度实现，但在超温的时候，可以微开放空阀，使压力降低，以达到安全生产的目的。

(3)收率调节。由于在 90 ℃以下时，副反应速度大于正反应速度，因此在安全的前提下，快速升温是收率高的保证。

一、任务分组

学生分组表

班级		组号		指导教师	
组长		学习任务		釜式反应器开车操作	
序号	姓名/小组		学号		任务分配
1					
2					
3					
4					
5					
6					

二、任务实施

1. 2-巯基苯并噻唑开车操作。（仿真操作练习）

2. 总结、分享 2-巯基苯并噻唑生产温度控制经验。

3. 总结、分享 2-巯基苯并噻唑生产，提高目的产物收率经验。

三、任务评价

任务评价表

评价类别	姓名	评价项目及标准				小计
		任务完成情况（0～3分），认真对待、全部完成、质量高得3分，其余酌情扣分	书写状况（0～2分）：书写工整、漂亮得2分，其余酌情扣分	参与讨论情况（0～2分）：积极讨论，认真思考得2分，其余酌情扣分	承担课堂汇报或展示情况（2～3分，主动承担汇报或展示得3分，指定承担2分）	
小组自评（评价小组内的其他成员，满分10分）						
评价类别	组别	课堂汇报或展示完成情况				小计
		未完成汇报或展示计0分	完成汇报或展示计3分	声音洪亮、表达清晰、内容熟悉、落落大方得4分，其余酌情扣分（1～4分）	回答问题情况：认真对待提问，回答正确，语言组织好得3分，其余酌情扣分（0～3分）	
小组互评（组长汇总评价其他小组，满分10分）						
教师评价（小组成员加、扣分同时计入个人得分，最高5分，最低－5分）	组别	扣分（小组成员讲话、打瞌睡、玩手机或做其他与课堂环节无关的事计－5～－2分）		加分（主动提问、积极回答问题等计2～5分）		小计

说明：

1. 以 4～6 人为一组，人数不宜太多。

2. 小组得分＝小组互评平均分＋教师对小组评分。

3. 个人最后得分＝小组自评分＋小组得分×修正系数＋教师对个人评分。

4. 修正系数＝$\dfrac{\text{个人小组自评得分}}{\text{小组自评平均分}}$×小组互评平均分。

5. 个人得分超过 20 分，以 20 分记载，最低以 0 分记载。

6. 小组自评分由小组长汇总计算个人平均。

7. 个人最后得分由课代表或班委汇总记录。

8. 以上评价均是针对前面的课堂任务或讨论，课程教师也可自行设计任务或讨论的问题。

四、课堂测试

满分 10 分，以仿真操作练习成绩进行折算。

（仿真成绩截图）

五、总结反思

根据评价结果，总结经验，反思不足。

课后任务

预习釜式反应器停车操作。

学习任务 3   釜式反应器停车操作

任务描述

学习间歇釜式反应器的停车操作。

(1)叙述釜式反应器生产 2-巯基苯并噻唑的停车条件；

(2)叙述釜式反应器的停车步骤；

(3)完成釜式反应器的正常停车操作。

任务准备

完成本次任务需要具备以下知识：

(1)釜式反应器生产 2-巯基苯并噻唑的停车条件知识；

(2)釜式反应器生产 2-巯基苯并噻唑的停车操作步骤知识；

(3)环境保护知识；

(4)化工节能知识。

预习测试

知识储备

3.1   釜式反应器生产 2-巯基苯并噻唑的停车条件

在冷却水量很小(TIC101 开度很小甚至全关)的情况下，反应釜的温度下降仍然较快，表明反应物浓度很低，反应接近尾声，当 $C_6H_4ClNO_2$ 的浓度小于 0.1 mol/L 时，就可以进行停车操作，准备出料。

3.2   釜式反应器生产 2-巯基苯并噻唑的停车操作

釜式反应器生产 2-巯基苯并噻唑停车操作步骤：停搅拌→开放空阀门(放可燃气体)→增压→预热(出料阀门和管线)→出料→吹扫→关阀。详细步骤如下：

(1)停搅拌器。

(2)打开放空阀门 V12 5~10 s，放掉釜内残存的可燃气体，然后关闭 V12。

间歇釜停车

(3)向釜内通蒸气增压。

1)打开蒸气总阀门 V15。

2)打开蒸气加压阀门 V13 给釜内升压，使釜内气压高于 4 atm。

(4)打开蒸气预热阀门 V14 片刻。

(5)打开出料阀门 V16 出料。

(6)出料完毕(反应釜液位降到 0)后保持出料阀门 V16 开约 10 s 进行吹扫，使反应釜和管线里面的物料出尽。

(8)关闭出料阀门 V16。

(9)关闭蒸气阀门 V15。

3.3　釜式反应器生产 2-巯基苯并噻唑停车操作的注意事项

(1)放空的可燃性气体应注意回收，防止污染大气。

(2)蒸气增压釜内压力应高于 4 atm。

(3)出料之前需通蒸气预热阀门和管线，防止硫磺结晶堵塞，影响正常出料操作。

(4)出料完毕需继续吹扫一小段时间，保证物料出尽，避免因结晶影响下一批次生产。

(5)吹尽之后应及时关闭出料阀门和蒸气阀门，减少蒸气消耗。

任务实践

一、任务分组

学生分组表

班级		组号		指导教师	
组长		学习任务		釜式反应器停车操作	
序号	姓名/小组		学号	任务分配	
1					
2					
3					
4					
5					
6					

二、任务实施

1. 釜生产 2-巯基苯并噻唑停车操作。（仿真操作练习）
2. 总结釜生产 2-巯基苯并噻唑停车操作中的问题，进行原因分析及处理。

三、任务评价

任务评价表

评价类别	姓名	评价项目及标准				小计
		任务完成情况（0～3分），认真对待、全部完成、质量高得 3 分，其余酌情扣分	书写状况（0～2分）：书写工整、漂亮得 2分，其余酌情扣分	参与讨论情况（0～2分）：积极讨论，认真思考得2分，其余酌情扣分	承担课堂汇报或展示情况（2～3分，主动承担汇报或展示得 3分，指定承担2分）	
小组自评（评价小组内的其他成员，满分10分）						
	组别	课堂汇报或展示完成情况				小计
		未完成汇报或展示计0分	完成汇报或展示计3分	声音洪亮、表达清晰、内容熟悉、落落大方得 4分，其余酌情扣分（1～4分）	回答问题情况：认真对待提问，回答正确，语言组织好得3分，其余酌情扣分（0～3分）	
小组互评（组长汇总评价其他小组，满分10分）						

教师评价（小组成员加、扣分同时计入个人得分，最高5分，最低—5分）	组别	扣分（小组成员讲话、打瞌睡、玩手机或做其他与课堂环节无关的事计—5～—2分）	加分（主动提问、积极回答问题等计2～5分）	小计

说明：

1. 以4～6人为一组，人数不宜太多。

2. 小组得分＝小组互评平均分＋教师对小组评分。

3. 个人最后得分＝小组自评分＋小组得分×修正系数＋教师对个人评分。

4. 修正系数＝$\dfrac{\text{个人小组自评得分}}{\text{小组自评平均分}}$×小组互评平均分。

5. 个人得分超过20分，以20分记载，最低以0分记载。

6. 小组自评分由小组长汇总计算个人平均。

7. 个人最后得分由课代表或班委汇总记录。

8. 以上评价均是针对前面的课堂任务或讨论，课程教师也可自行设计任务或讨论的问题。

四、课堂测试

满分10分，以仿真操作练习成绩进行折算。

（仿真成绩截图）

五、总结反思

根据评价结果，总结经验，反思不足。

课后任务

预习釜式反应器操作常见异常现象与处理。

学习任务4 釜式反应器操作常见异常现象与处理

学习釜式反应器操作的常见异常现象、原因分析及处理方法。

(1)叙述釜式反应器操作常见的异常现象；

(2)练习釜式反应器异常现象的分析、判断和处理。

完成本次任务需要具备以下知识：

(1)化工设备分类知识；

(2)化学反应动力学基础知识；

(3)化工仪表基础知识；

(4)化工单元操作热质传递基础知识；

(5)阀门基础知识。

预习测试

釜式反应器生产2-巯基苯并噻唑常见异常现象包括反应釜超温(压)(一般由超温引起)、搅拌器停转、冷却水阀卡顿、出料管堵塞及仪表故障等。有关现象和原因分析如下。

4.1 超温(压)事故及处理

现象：温度大于 128 ℃(气压大于 8 atm)。

原因：反应剧烈，放热速率快，移热速率较慢。

处理：开大冷却水，打开高压冷却水阀门 V20；关闭搅拌器 M1，使反应速度下降；如果气压超过 12 atm，打开放空阀门 V12。

间歇釜事故1——超温

4.2　搅拌器 M1 停转及处理

现象：搅拌器停转；反应浓度下降缓慢。

原因：超温引起联锁动作；搅拌器机械故障；停电。

处理：停止操作，出料，查明原因后处理。

间歇釜事故 2——
搅拌器坏

4.3　冷却水阀门 V22、V23 卡顿及处理

现象：开大冷却水阀门对控制反应釜温度无作用，且出口温度稳步上升。

原因：蛇管冷却水阀门 V22 卡顿。

处理：开冷却水旁路阀门 V17 调节温度，维持操作；及时维修或更换阀门。

间歇釜事故 3——
冷却水阀卡顿

4.4　出料管堵塞及处理

现象：出料时，反应釜内压力较高，但釜内液位下降很慢甚至液位不变。

原因：硫黄结晶，堵住出料管或出料阀。

处理：开出料预热蒸汽阀门 V14 吹扫(5 min 以上，仿真中采用)；拆下出料管用火烧熔化硫磺，或更换管段及阀门。

4.5　测温电阻连线故障及处理

现象：温度显示值为零或一直不变。

原因：测温电阻连线断路。

处理：改用压力显示对反应进行调节(调节冷却水用量)。升温至压力为 0.3～0.75 atm 停止加热，升温至压力为 1.0～1.6 atm 开始通冷却水，压力为 3.5 atm 以上为反应剧烈阶段。反应压力大于 7 atm，相当于温度大于 128 ℃处于故障状态；反应压力大于 10 atm，反应器联锁启动；反应压力大于 15 atm，反应器安全阀启动(以上压力为表压)。

一、任务分组

学生分组表

班级		组号		指导教师	
组长		学习任务		釜式反应器操作异常现象与处理	
序号	姓名/小组		学号	任务分配	
1					
2					
3					
4					
5					
6					

二、任务实施

1. 釜式反应器生产 2-巯基苯并噻唑异常现象处理。（仿真操作练习）

2. 釜式反应器生产 2-巯基苯并噻唑异常现象的类型（超温、泵停、阀卡、仪表故障等）判断经验总结及分享。

三、任务评价

任务评价表

评价类别	姓名	评价项目及标准				小计
		任务完成情况(0~3分),认真对待、全部完成、质量高得3分,其余酌情扣分	书写状况(0~2分):书写工整、漂亮得2分,其余酌情扣分	参与讨论情况(0~2分):积极讨论,认真思考得2分,其余酌情扣分	承担课堂汇报或展示情况(2~3分,主动承担汇报或展示得3分,指定承担2分)	
小组自评(评价小组内的其他成员,满分10分)						
		课堂汇报或展示完成情况				小计
小组互评(组长汇总评价其他小组,满分10分)	组别	未完成汇报或展示计0分	完成汇报或展示计3分	声音洪亮、表达清晰、内容熟悉、落落大方得4分,其余酌情扣分(1~4分)	回答问题情况:认真对待提问,回答正确,语言组织好得3分,其余酌情扣分(0~3分)	
教师评价(小组成员加、扣分同时计入个人得分,最高5分,最低-5分)	组别	扣分(小组成员讲话、打瞌睡、玩手机或做其他与课堂环节无关的事计-5~-2分)		加分(主动提问、积极回答问题等计2~5分)		小计

说明：

1. 以 4～6 人为一组，人数不宜太多。

2. 小组得分＝小组互评平均分＋教师对小组评分。

3. 个人最后得分＝小组自评分＋小组得分×修正系数＋教师对个人评分。

4. 修正系数 ＝ $\dfrac{\text{个人小组自评得分}}{\text{小组自评平均分}}$ ×小组互评平均分。

5. 个人得分超过 20 分，以 20 分记载，最低以 0 分记载。

6. 小组自评分由小组长汇总计算个人平均。

7. 个人最后得分由课代表或班委汇总记录。

8. 以上评价均是针对前面的课堂任务或讨论，课程教师也可自行设计任务或讨论的问题。

四、课堂测试

满分 10 分，以仿真操作练习成绩进行折算。

（仿真成绩截图）

五、总结反思

根据评价结果，总结经验，反思不足。

预习釜式反应器日常维护与检修。

学习任务 5　釜式反应器日常维护与检修

学习釜式反应器常见设备故障、产生原因及处理方法，釜式反应器的维护要点、调试与验收。

(1)学习釜式反应器常见的设备故障及处理方法；

(2)描述釜式反应器的维护要点；

(3)练习釜式反应器的试车操作。

完成本次任务需要具备以下知识：

(1)釜式反应器结构知识；

(2)化工腐蚀及防腐基础知识；

(3)物理、化学基础知识；

(4)简单工器具使用知识；

(5)釜式反应器维护知识。

预习测试

5.1　釜式反应器常见设备故障与处理方法

釜式反应器常见设备故障现象、原因及处理方法见表 1.5-1。

表 1.5-1　釜式反应器常见设备故障现象、原因及处理方法

序号	故障现象	故障原因	处理方法
1	壳体损坏（腐蚀、裂纹、透孔）	①受介质腐蚀(点蚀、晶间腐蚀)； ②热应力影响产生裂纹或碱脆； ③受损变薄或均匀腐蚀	①用耐腐蚀材料衬里的壳体需重新修衬或局部补焊； ②焊接后要消除应力，产生裂纹要进行修补； ③超过设计最低的允许厚度需更换本体

序号	故障现象	故障原因	处理方法
2	密封泄漏	填料密封 ①搅拌轴在填料处磨损或腐蚀，造成间隙过大； ②油环位置不当或油路堵塞，不能形成油封； ③压盖没压紧，填料质量差或使用过久； ④密封圈选材不合理，压紧力不够，或V形密封圈装反，失去密封性； ⑤轴串量超过指标； 机械密封 ⑥填料箱腐蚀； ⑦动、静环端面变形、碰伤； ⑧端面比压过大，摩擦产生热导致变形； ⑨轴线与静环端面垂直度误差过大； ⑩操作压力、温度不稳，硬颗粒进入摩擦副； ⑪镶嵌或黏结动、静环的镶缝处泄漏	①更换或修补搅拌轴，并在机床上加工，保证表面粗糙度； ②调整油环位置，清洗油路； ③压紧填料或更换填料； ④密封圈选材、安装要合理，要有足够的压紧力； ⑤调整、检修，使轴串量达到标准； ⑥修补或更换； ⑦更换摩擦副或重新研磨； ⑧调整比压至合适，加强冷却系统； ⑨停车，重新找正，保证垂直度误差小于0.5 mm； ⑩严格控制工艺指标，颗粒及结晶物不能进入摩擦副； ⑪改进安装工艺，或过盈量要适当，或胶粘剂要好用，黏结牢固
3	釜内有异常杂声	①搅拌器摩擦釜内附件(蛇管、温度计管等)或刮壁； ②搅拌器松脱； ③衬里鼓包，与搅拌器撞击； ④搅拌器轴弯曲或轴承损坏	①停车检修找正，使搅拌器与附件有一定间距； ②停车检查，紧固螺栓； ③修鼓包或更换衬里； ④检修或更换轴及轴承
4	搪瓷搅拌器脱落	①被介质腐蚀断裂； ②与电动机旋转方向相反	①更换搪瓷轴或用玻璃修补； ②停车改变转向
5	搪瓷釜法兰漏气	①法兰瓷面损坏； ②选择垫圈材质不合理，安装接头不正确，空位，错移； ③卡子松动或数量不足	①修补，涂防腐漆或树脂； ②根据工艺要求选择垫圈材料，垫圈接口要搭拢，位置要均匀； ③按设计要求准备足够数量的卡子，并要紧固
6	瓷面产生鳞爆及微孔	①夹套或搅拌轴管内进入酸性杂质，产生氢脆现象； ②瓷层不致密，有微孔隐患	①用碳酸钠中和后，用水冲净或修补，腐蚀严重的需更换； ②微孔数量少的可修补，严重的更换

序号	故障现象	故障原因	处理方法
7	电动机电流超过额定值	①轴承损坏； ②釜内温度低，物料黏稠； ③主轴转速较快； ④搅拌器直径过大	①更换轴承； ②按操作规程调整温度后，物料黏度不能过大； ③控制主轴转数在一定的范围内； ④适当调整检修

5.2 釜式反应器的维护要点

(1)釜式反应器在运行中，严格执行操作规程，禁止超温、超压。

(2)按工艺指标控制夹套(或蛇管)及反应器的温度。

(3)避免温差应力与内压应力叠加，使设备产生应变。

(4)要严格控制配料比，防止剧烈反应。

(5)要注意反应釜内有无异常振动和声响，如发现故障，应检查修理并及时消除。

间歇釜反应器的日常维护和检修

5.3 釜式反应器的调试与验收

5.3.1 试车前准备

(1)设备检修记录齐全，新装设备及更换的零部件均应有质量合格证。

(2)按检修计划任务书检查计划完成情况，并详细复查检修质量，做到工完料净场地清、零部件完整无缺、螺栓牢固。

(3)检查润滑系统、水冷系统畅通无阻。

(4)检查电动机，主轴转向应符合设计规定。

5.3.2 试车

(1)转动轻快自如，各部位润滑良好。

(2)机械传动部分应无异常杂音。

(3)搅拌器与设备内加热蛇管、压料管、温度计套管等部件应无碰撞。

(4)釜内的衬里不渗漏、不鼓包；内蛇管、压料管、温度计套管牢固可靠。

(5)电动机、减速机温度正常，滚动轴承温度应不超过 70 ℃，滑动轴承温度应不超过 65 ℃。

(6)密封可靠，泄漏符合要求；密封处的摆动量不应超过规定值。

(7)电流稳定，不超过额定值，各种仪表灵敏好用。

(8)空载试车后，应进行外加水试车 4～8 h，加料试车应不少于一个反应周期。

5.3.3 验收

试车合格后按规定办理验收手续，移交生产。验收技术应包括以下资料：

(1)检修质量及缺陷记录；

(2)水压、气密性试验及液压试验记录；

(3)主要零部件的无损检验报告；

(4)更换零部件的清单；

(5)结构、尺寸、材质变更的审批文件。

任务实践

一、任务分组

学生分组表

班级		组号		指导教师	
组长		学习任务		釜式反应器日常维护与检修	
序号	姓名/小组		学号	任务分配	
1					
2					
3					
4					
5					
6					

二、任务实施

任务一

1. 设备巡检可采用哪些方法？查阅资料完成。

2. 釜式反应器维护最好的措施是什么？说明理由。

任务二

1. 检查釜式反应器的运行情况，判断有无泄漏、异响等，试分析原因，提出处理办法。

2. 釜式反应器试车，为何要经过空载试车、加水试车和加料试车这几个阶段？

三、任务评价

任务评价表

评价类别	姓名	评价项目及标准				小计
		任务完成情况(0~3分),认真对待、全部完成、质量高得3分,其余酌情扣分	书写状况(0~2分):书写工整、漂亮得2分,其余酌情扣分	参与讨论情况(0~2分):积极讨论,认真思考得2分,其余酌情扣分	承担课堂汇报或展示情况(2~3分,主动承担汇报或展示得3分,指定承担2分)	
小组自评(评价小组内的其他成员,满分10分)						
小组互评(组长汇总评价其他小组,满分10分)	组别	课堂汇报或展示完成情况				小计
		未完成汇报或展示计0分	完成汇报或展示计3分	声音洪亮、表达清晰、内容熟悉、落落大方得4分,其余酌情扣分(1~4分)	回答问题情况:认真对待提问,回答正确,语言组织好得3分,其余酌情扣分(0~3分)	
教师评价(小组成员加、扣分同时计入个人得分,最高5分,最低-5分)	组别	扣分(小组成员讲话、打瞌睡、玩手机或做其他与课堂环节无关的事计-5~-2分)		加分(主动提问、积极回答问题等计2~5分)		小计

说明：

1. 以 4～6 人为一组，人数不宜太多。

2. 小组得分＝小组互评平均分＋教师对小组评分。

3. 个人最后得分＝小组自评分＋小组得分×修正系数＋教师对个人评分。

4. 修正系数＝$\dfrac{\text{个人小组自评得分}}{\text{小组自评平均分}}$×小组互评平均分。

5. 个人得分超过 20 分，以 20 分记载，最低以 0 分记载。

6. 小组自评分由小组长汇总计算个人平均。

7. 个人最后得分由课代表或班委汇总记录。

8. 以上评价均是针对前面的课堂任务或讨论，课程教师也可自行设计任务或讨论的问题。

四、课堂测试

满分 10 分，扫码完成课堂测试。

课堂测试

（课堂测试成绩截图）

五、总结反思

根据评价结果，总结经验，反思不足。

课后任务

复习本模块，准备测试。

单元测试

模块 2
管式反应器操作与控制

◀◀◀◀◀

模块描述

　　管式反应器是非常重要的均相反应器，具有反应浓度高、反应速率快、生产效率高、满足高温要求、耐压等优点，是化工生产中应用较为广泛的化学反应设备类型，掌握管式反应器的相关知识和技能对高职应用化工技术专业的学生今后从事化工总控操作具有十分重要的意义。

　　本模块依据《化工总控工国家职业标准》中级工职业标准"化工装置总控操作——开车操作、运行操作和停车操作"要求的知识点与技能点，通过"学习任务1 认识管式反应器、学习任务2 管式反应器开车操作、学习任务3 管式反应器停车操作、学习任务4管式反应器操作常见异常现象与处理、学习任务5 管式反应器日常维护和检修"学习训练，使学习者具备比较熟练操作和控制管式反应器的能力。

模块分析

　　管式反应器因其长径比大、在流速较高的情况下返混小、物料质点的停留时间几乎一致和可控等特点，使它在提高平行一连串反应类型以中间产物为目的产物的产品收率方面独具优势。单位体积传热面积大，使它能够达到很高的热强度，从而满足高温操作的要求。因此，学习管式反应器操作与控制，应从管式反应器的结构组成和作用入手，按照认识事物的规律和工作过程的顺序，逐步学习管式反应器开车、停车操作，故障分析和处理，日常维护和检修等内容。由浅入深，使学习者掌握知识，培养技能，达到本模块的学习目标。

知识目标：

1. 了解管式反应器的工业应用。

2. 熟悉管式反应器的外形特征。

3. 掌握管式反应器的结构组成和作用。

能力目标：

1. 能绘制管式反应器外形结构简图。

2. 能分析物料配比和反应浓度等条件变化对反应热效应的影响。

3. 能进行管式反应器的开车、停车操作。

4. 能对管式反应器操作过程中的异常现象进行分析、判断和处理。

5. 能对管式反应器进行简单的日常维护和检修。

素质目标：

1. 培养安全生产意识、环境保护意识、节能意识、成本意识。

2. 树立规范操作意识、劳动纪律和职业卫生意识。

3. 具备资料查阅、信息检索和加工整理等自主学习能力。

4. 具有沟通交流能力、团队意识和协作精神。

5. 培养发现、分析和解决问题的能力。

6. 培养克服困难的勇气和精益求精的工匠精神。

学习任务1 认识管式反应器

学习管式反应器的工业应用、特点、分类及结构组成等。

(1)描述管式反应器的外形结构特点；

(2)阐述管式反应器适用的化学反应类型；

(3)叙述管式反应器的结构组成及各部分的作用；

(4)绘制管式反应器的结构简图。

完成本次任务需要具备以下知识：

(1)化工单元操作热质传递知识；

(2)化工设备基础知识；

(3)流体流动模型及特征知识；

(4)返混的概念和返混对化学反应的影响知识；

(5)化工制图知识。

预习测试

1.1 管式反应器在化工生产中的应用和分类

管式反应器是指呈管状、长度明显大于直径的化学反应设备。管式反应器的长径比通常很大，一般为50～100。有的管式反应器绝对长度很长，如丙烯二聚反应器的管长以千米计。

管式反应器在化工生产中应用较广泛，常用于均相反应类型，即单一的气相或液相反应，如烃类裂解制乙烯、环氧乙烷水合制乙二醇等。广义的管式反应器还包括气－固相床层反应器，如石油催化裂化所用的提升管反应器，中小型合成氨厂所用的双套管并流、三套管并流反应器及烃类蒸气转化所用的列管式固定床反应器等。

管式反应器的
工业应用

由于管式反应器单位体积的传热面积大，因此特别适合反应热效应大、传热强度要求高的反应类型，且由于直径小、管壁厚、耐压程度高，管式反应器也适用于高压反应。除此之外，管式反应器还具有以下特点：

（1）反应物在管式反应器中反应速率快，生产效率高。

（2）适用于大型化和连续化生产，便于计算机集散控制，产品质量有保证。

（3）与釜式反应器相比，返混较小，在流速较高的情况下，管内流体流型接近于理想置换流。

根据管道连接方式不同，管式反应器可分为多管串联管式反应器和多管并联管式反应器，如图 2.1-1 和图 2.1-2 所示。

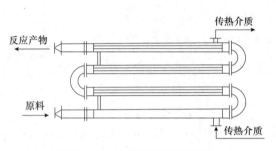

图 2.1-1　多管串联管式反应器

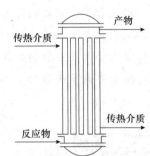

图 2.1-2　多管并联管式反应器

1.2　管式反应器的结构

1.2.1　管式反应器的基本结构

下面以套管式反应器为例介绍管式反应器的基本结构。

套管式反应器由长径比很大的细长管和密封环，通过紧固连接件串联安放在机架上而成，如图 2.1-3 所示。其构成部分包括直管、弯管、密封环、法兰及紧固件、温差补偿器、传热夹套及连接管和机架等。

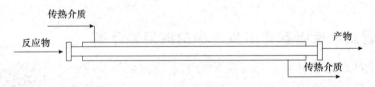

图 2.1-3　套管式反应器示意

（1）直管。直管的结构如图 2.1-4 所示。内管长为 8 m，根据反应段的不同，内管内径通常也不同，如 $\phi 27$ mm 和 $\phi 34$ mm。夹套管用焊接形式与内管固定，夹套管上对称地安装一对不锈钢制成的 Ω 形补偿器，以消除开车、停车时内外管线膨胀系数不同而附加在焊缝上的拉应力。

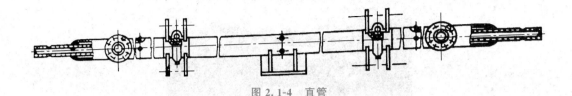

图 2.1-4　直管

在反应器预热段夹套管内通蒸气加热以进行反应，反应段及冷却段通热水以移去反应热或冷却。夹套两端开有孔，并装有连接法兰，以便和相邻夹套管相连通。为安装方便，在整管的中间部位装有支座。

(2)弯管。弯管结构与直管基本相同，如图 2.1-5 所示，弯头半径 $R \geqslant 5D \pm 4\%$。由于弯管在机架上的安装允许其有足够的伸缩量，故不再另加补偿器。内管总长(包括弯头弧长)也是 8 m。

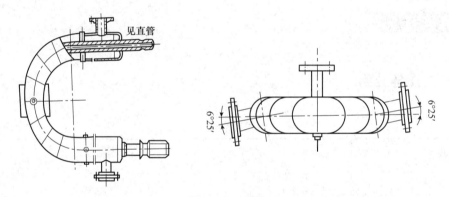

图 2.1-5　弯管

(3)密封环。套管式反应器的密封环为透镜环。透镜环有两种形状，一种是圆柱形，另一种是带接管的"T"形，如图 2.1-6 所示。圆柱形透镜环采用与反应器内管同一材质制成，带接管的"T"形透镜环用于安装测温、测压元件。

(4)管件。反应器的连接必须按规定的紧固力矩进行，所以，对法兰、螺柱和螺母都有一定要求。

(5)机架。反应器机架用桥梁钢焊接成整体，地脚螺栓安放在基础的柱头上，安装管子支座部位装有托架，管子用抱箍与托架固定，如图 2.1-7 所示。

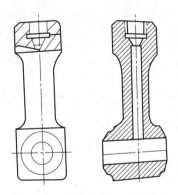

图 2.1-6　带接管的 T 形透镜环

图 2.1-7　机架

一、任务分组

学生分组表

班级		组号		指导教师	
组长		学习任务		认识管式反应器	
序号	姓名/小组	学号		任务分配	
1					
2					
3					
4					
5					
6					

二、任务实施

任务一

1. 识读下面管式反应器结构简图，指出管式反应器结构组成和作用。

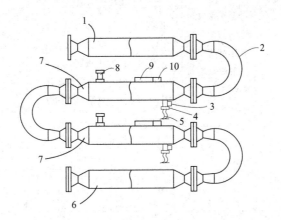

2. 套管式反应器上为何要装温差补偿器？查阅资料并解释什么是应力，如何产生，有何危害？

3. 通常管式反应器的长径比都很大，为什么要设计成这样的结构？试分析原因。

4. 从反应器内浓度分布、停留时间分布角度，分析管式反应器的适用反应类型。

任务二

1. 绘制管式反应器外形结构简图，并注明各部分名称。

2. 查阅资料，了解管式反应器的发展趋势，撰写书面报告。

三、任务评价

任务评价表

评价类别	姓名	评价项目及标准				小计
		任务完成情况(0～3分),认真对待、全部完成、质量高得3分,其余酌情扣分	书写状况(0～2分):书写工整、漂亮得2分,其余酌情扣分	参与讨论情况(0～2分):积极讨论,认真思考得2分,其余酌情扣分	承担课堂汇报或展示情况(2～3分,主动承担汇报或展示得3分,指定承担2分)	
小组自评(评价小组内的其他成员,满分10分)						
	组别	课堂汇报或展示完成情况				小计
		未完成汇报或展示计0分	完成汇报或展示计3分	声音洪亮、表达清晰、内容熟悉、落落大方得4分,其余酌情扣分(1～4分)	回答问题情况:认真对待提问,回答正确,语言组织好得3分,其余酌情扣分(0～3分)	
小组互评(组长汇总评价其他小组,满分10分)						
	组别	扣分(小组成员讲话、打瞌睡、玩手机或做其他与课堂环节无关的事计-5～-2分)		加分(主动提问、积极回答问题等计2～5分)		小计
教师评价(小组成员加、扣分同时计入个人得分,最高5分,最低-5分)						

说明：

1. 以 4～6 人为一组，人数不宜太多。

2. 小组得分＝小组互评平均分＋教师对小组评分。

3. 个人最后得分＝小组自评分＋小组得分×修正系数＋教师对个人评分。

4. 修正系数 $=\dfrac{个人小组自评得分}{小组自评平均分}\times$ 小组互评平均分。

5. 个人得分超过 20 分，以 20 分记载，最低以 0 分记载。

6. 小组自评分由小组长汇总计算个人平均。

7. 个人最后得分由课代表或班委汇总记录。

8. 以上评价均是针对前面的课堂任务或讨论，课程教师也可自行设计任务或讨论的问题。

四、课堂测试

满分 10 分，扫码完成课堂测试。

课堂测试

（课堂测试成绩截图）

五、总结反思

根据评价结果，总结经验，反思不足。

课后任务

预习管式反应器开车操作。

学习任务 2　管式反应器开车操作

任务描述

学习管式反应器的开车操作。

(1)叙述环氧乙烷水合制乙二醇的生产原理、主要设备和工艺参数；

(2)叙述和绘制乙二醇生产的工艺流程；

(3)完成管式反应器的开车操作；

(4)控制管式反应器的重要工艺参数。

任务准备

完成本次任务需要具备以下知识：

(1)环氧乙烷的理化性质知识；

(2)化学动力学基础知识；

(3)平行—连串反应的特点知识；

(4)原料转化率、产物收率、反应选择性及影响因素等知识；

(5)反应过程的绝热温升及影响因素等知识。

预习测试

知识储备

2.1　管式反应器开车操作的项目背景

2.1.1　环氧乙烷水合生成乙二醇的生产原理

环氧乙烷与水反应生成乙二醇的反应式如下：

主反应　　　$CH_2\!-\!CH_2+H_2O \longrightarrow HO\!-\!CH_2\!-\!CH_2\!-\!OH$

　　　　　　　　　$\diagdown\!O\!\diagup$　　　　　　　乙二醇（MEG）

副反应　　　$HO\!-\!CH_2\!-\!CH_2\!-\!OH + CH_2\!-\!CH_2 \xrightarrow{1.0\text{ MPa}}$

　　　　　　　　　　　　　　　　　　　　　$\diagdown\!O\!\diagup$

　　　　　　　　　　$HO\!-\!CH_2\!-\!CH_2\!-\!O\!-\!CH_2\!-\!CH_2\!-\!OH$

　　　　　　　　　　　　　　　二乙二醇

这是一个复杂的平行－连串反应，由于目的产物乙二醇是中间产物，为了提高收率，需要严格控制停留时间。停留时间太短，环氧乙烷转化率低，原料利用率不高；停留时间过长，会导致生成的乙二醇转化为副产物二乙二醇，降低反应的选择性。

水合反应为放热反应，反应温度为 200 ℃ 时，每生成 1 mol 乙二醇放出的热量为 83.15 kJ。

2.1.2　环氧乙烷水合生成乙二醇的工艺流程

环氧乙烷水合生成乙二醇的工艺流程如图 2.2-1 所示。来自精制塔塔底含环氧乙烷的物料，在流量控制下与来自循环水排放泵的物流，以 1∶22 的摩尔比配料，然后通过在线混合器充分混合进入乙二醇反应器进行水合反应，生成乙二醇。从乙二醇反应器流出的乙二醇－水物料流入干燥塔。

乙二醇反应器是一个绝热式的 U 形管式反应器，反应是非催化的，停留时间约 18 min，工作压力为 1.2 MPa，进口温度为 130 ℃，设计负荷情况下出口温度为 175 ℃，在这样的条件下几乎全部的环氧乙烷都能完全转化成乙二醇，质量分数约为 12%。

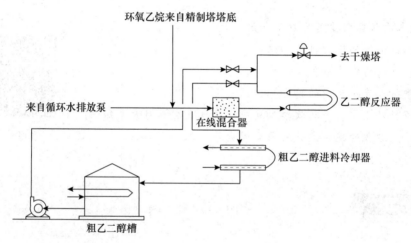

图 2.2-1　乙二醇生产工艺流程

2.1.3　环氧乙烷水合生成乙二醇的重要设备

(1)在线混合器。

(2)乙二醇反应器。

(3)粗乙二醇进料冷却器。

(4)粗乙二醇槽。

2.1.4　环氧乙烷水合生成乙二醇的重要参数

(1)进料组成：水与环氧乙烷摩尔比为 22∶1。

(2)乙二醇反应器温度。

入口：110～130 ℃。

出口：165～180 ℃。

(3)乙二醇反应器压力：1.1～1.48 MPa。

2.2 管式反应器开车操作

2.2.1 开车前的准备和检查

(1)系统清洗。

1)将循环水排放流量控制器置于手动，开始由循环水排放浓缩器底部向反应器进水。打开乙二醇反应器进口倒淋阀排水，直到排出的水清洁为止。

2)关闭进口倒淋阀并开始向乙二醇反应器充水，打开出口倒淋阀，关闭乙二醇反应器压力控制阀。当乙二醇反应器出口倒淋阀排水排干净时，关闭出口倒淋阀。

3)当乙二醇反应器出口倒淋排放清洁时，把水送到干燥塔。

(2)系统检查。

1)校验各种联锁报警。

2)运行乙二醇反应器压力控制器，调节乙二醇反应器压力，使之接近设计条件。

(3)干燥塔喷射系统试验。

1)关闭冷凝器和喷射器之间的阀门。

2)检查所有喷射器的倒淋和插入热井底部水封的尾管，用水充满热井所有喷射器冷凝器，并密封管线。

3)打开喷射器系统的冷却水流量。稍开高压蒸气管线过滤器的倒淋阀，然后稍开到喷射泵的蒸气阀。关闭倒淋阀，然后慢慢打开蒸气阀。

4)使喷射器运行，直到压力减小到正常操作压力。在这个试验期间应切断塔的压力控制系统，隔离切断阀下游喷射系统和相关设备，在 24 h 内最大允许压力上升速度为 33.3 Pa/h。如果压力试验满足要求，则慢慢打开喷射系统进口管线上的切断阀，直到干燥塔冷凝器的冷却水流量稳定。

5)干燥塔压力控制系统和压力调节器设为自动状态(设计设定点)。到热井的冷凝液流量较少，允许在容器这点溢流。

6)喷射系统已满足试验条件后，关闭入口切断阀，停止喷射泵。根据真空泄漏的下降程度确定干燥塔严密性是否完好。如果系统不能达到要求的真空，应检查系统的泄漏位置并修理。

2.2.2 正常开车

(1)启动乙二醇反应器控制器。

(2)启动循环水排放泵。

(3)通过乙二醇反应器在线混合器，设定乙二醇反应器的循环水排放量。

(4)精制塔塔底的流体，从精制塔开始，经过在线混合器与循环水混合后，输送到乙二醇反应器进行水合反应。

（5）设定精制塔塔底物料的流量，控制循环水排放物料流量和精制塔塔底物料的流量，使之在一定的比例下操作。如果需要，加入气提塔塔底液位同循环水排入物料的串级控制。

2.3 管式反应器开车操作要点

2.3.1 严格控制乙二醇反应器进料组成比例

乙二醇反应器前的在线混合器的作用是稀释含有富醛的环氧乙烷排放物。如果不稀释，则乙二醇反应器中较高的环氧乙烷浓度容易生成二乙二醇、三乙二醇等高级醇，导致产品中乙二醇的含量偏低。如果稀释的浓度很低，由于该反应过程采用绝热操作，会导致乙二醇反应器的出口温度偏低，环氧乙烷反应不完全，产品中乙二醇的含量也会偏低。因此，该反应器进料组成中，水与环氧乙烷摩尔比严格控制为 22:1。

2.3.2 严格控制乙二醇反应器温度

正常乙二醇反应器进口温度应稳定在 110～130 ℃，使出口温度在 165～180 ℃。如果乙二醇反应器进口混合流体的温度偏低，将会导致环氧乙烷不能完全反应，乙二醇反应器的出口温度也会偏低，产品中乙二醇的含量将会减少。

2.3.3 注意控制乙二醇反应器压力

在压力一定的情况下，当温度升高到一定程度时，环氧乙烷会汽化，未反应的环氧乙烷会增多，反应器出口未转化成乙二醇的环氧乙烷也相应增加。因此，反应器压力必须升高，使其能足以防止这些问题的发生。通常要求维持在反应器的设计压力，以保证在乙二醇反应器的出口设计温度下无汽化现象。

2.4 管式反应器主要工艺参数调节方法

2.4.1 乙二醇反应器进料组成

乙二醇反应器的进料组成，通过控制排放到在线混合器的来自循环水排放泵的流量与排放到在线混合器的来自精制塔内环氧乙烷的流量的比例来实现，应严格控制其摩尔比为 22:1。

2.4.2 乙二醇反应器温度

由于每反应 1% 的环氧乙烷，反应温度会升高约 5.5 ℃，因而测量乙二醇反应器内的温升（出口－进口）是精制塔塔底环氧乙烷浓度的良好测量方法。

精制塔塔底不含 CO_2 的环氧乙烷溶液质量分数为 10%，在该溶液被送进乙二醇反应器之前，先在反应器进料预热器中加热到 89 ℃，再输送到反应器一级进料加热器的管程，在 0.21 MPa 的低压蒸气下加热至 114 ℃；再到反应器二级进料加热器的管程，由脱醛塔顶部来的脱醛蒸气加热到 122 ℃；然后进入反应器三级进料加热器中，被壳程中的 0.8 MPa 的蒸气加热至 130 ℃，最后进入乙二醇反应器。

因此，可以直接通过控制加热蒸气的量来控制乙二醇反应器的进口温度，当然有时也可以通过控制环氧乙烷的流量来控制乙二醇反应器的出口温度，从而提高产品中乙二醇的含量。

2.4.3 乙二醇反应器压力

通常情况下，乙二醇反应器的压力是通过该反应器上压力记录控制仪表来控制的，并将该仪表设定为自动控制。反应器内设计压力为 1 250 kPa，压力控制为 1 100～1 400 kPa。反应器的出口压力是通过维持背压来控制的。

任务实践

一、任务分组

学生分组表

班级		组号		指导教师	
组长		学习任务		管式反应器开车操作	
序号	姓名/小组		学号		任务分配
1					
2					
3					
4					
5					
6					

二、任务实施

1. 环氧乙烷水合制乙二醇开车操作。（仿真操作练习）

2. 总结、分享环氧乙烷水合制乙二醇温度控制的经验。

三、任务评价

任务评价表

评价类别	姓名	评价项目及标准				小计
		任务完成情况（0～3分），认真对待、全部完成、质量高得3分，其余酌情扣分	书写状况（0～2分）：书写工整、漂亮得2分，其余酌情扣分	参与讨论情况（0～2分）：积极讨论，认真思考得2分，其余酌情扣分	承担课堂汇报或展示情况（2～3分，主动承担汇报或展示得3分，指定承担2分）	
小组自评（评价小组内的其他成员，满分10分）						
小组互评（组长汇总评价其他小组，满分10分）	组别	课堂汇报或展示完成情况				小计
		未完成汇报或展示计0分	完成汇报或展示计3分	声音洪亮、表达清晰、内容熟悉、落落大方得4分，其余酌情扣分（1～4分）	回答问题情况：认真对待提问，回答正确，语言组织好得3分，其余酌情扣分（0～3分）	
教师评价（小组成员加、扣分同时计入个人得分，最高5分，最低－5分）	组别	扣分（小组成员讲话、打瞌睡、玩手机或做其他与课堂环节无关的事计－5～－2分）		加分（主动提问、积极回答问题等计2～5分）		小计

说明：

1. 以 4～6 人为一组，人数不宜太多。

2. 小组得分＝小组互评平均分＋教师对小组评分。

3. 个人最后得分＝小组自评分＋小组得分×修正系数＋教师对个人评分。

4. 修正系数＝$\dfrac{\text{个人小组自评得分}}{\text{小组自评平均分}}$×小组互评平均分。

5. 个人得分超过 20 分，以 20 分记载，最低以 0 分记载。

6. 小组自评分由小组长汇总计算个人平均。

7. 个人最后得分由课代表或班委汇总记录。

8. 以上评价均是针对前面的课堂任务或讨论，课程教师也可自行设计任务或讨论的问题。

四、课堂测试

满分 10 分，以仿真操作练习成绩进行折算。

（仿真成绩截图）

五、总结反思

根据评价结果，总结经验，反思不足。

课后任务

预习管式反应器停车操作。

学习任务3 管式反应器停车操作

任务描述

学习管式反应器的停车操作。

(1)叙述环氧乙烷水合制乙二醇的停车条件;

(2)叙述管式反应器的停车步骤;

(3)完成管式反应器的正常停车操作。

任务准备

完成本次任务需要具备以下知识:

(1)环氧乙烷理化性质知识;

(2)环氧乙烷水合制乙二醇的停车条件知识;

(3)环氧乙烷水合制乙二醇的停车步骤知识;

(4)安全生产知识。

预习测试

知识储备

3.1 管式反应器的停车条件

确定再吸收塔塔底的环氧乙烷已耗尽,其表现为塔底温度下降,通过再吸收塔的压差也下降。

3.2 管式反应器的停车步骤

管式反应器的停车步骤如下:

(1)确定无环氧乙烷进入再吸收塔,再吸收塔和精馏塔继续运行,直到环氧乙烷含量为零。

(2)关闭再吸收塔进水阀,停止塔底泵。

(3)关闭精制塔塔底流体去乙二醇反应器的阀门。

(4)当所有通过乙二醇反应器的环氧乙烷都被转化为乙二醇后,停止循环水排放流量。

在实际生产装置上，如果停车持续时间超过 4 h，在系统中的所有环氧乙烷必须全部反应成乙二醇，这一点是很重要的。

3.3　环氧乙烷水合制乙二醇停车操作的注意事项

环氧乙烷有毒，不稳定，闪点温度低于 $-29\ ℃$，爆炸极限（体积分数）为 $3.0\%\sim100\%$，能与空气形成范围极广的爆炸性混合物，遇热源和明火有燃烧爆炸的危险。若遇高热可发生剧烈分解，引起容器破裂和爆炸事故。接触碱金属、氢氧化物或高活性催化剂，如铁、锡和铝的无水氯化物及铁、铝的氧化物，可大量放热，并可能引起爆炸。环氧乙烷蒸气比空气重，能在较低处扩散到很远的地方，遇明火会引着回燃。

因此，在停车操作中，务必确保环氧乙烷完全转化，以免发生安全事故。

任务实践

一、任务分组

学生分组表

班级		组号		指导教师	
组长		学习任务		管式反应器停车操作	
序号	姓名/小组		学号		任务分配
1					
2					
3					
4					
5					
6					

二、任务实施

1. 环氧乙烷水合制乙二醇停车操作。（仿真操作练习）

2. 化工生产的危险性与物料的哪些性质有关？试归纳总结，说明理由。

三、任务评价

任务评价表

评价类别	姓名	评价项目及标准				小计
		任务完成情况（0～3分），认真对待、全部完成、质量高得3分，其余酌情扣分	书写状况（0～2分）：书写工整、漂亮得2分，其余酌情扣分	参与讨论情况（0～2分）：积极讨论，认真思考得2分，其余酌情扣分	承担课堂汇报或展示情况（2～3分，主动承担汇报或展示得3分，指定承担2分）	
小组自评（评价小组内的其他成员，满分10分）						
小组互评（组长汇总评价其他小组，满分10分）	组别	课堂汇报或展示完成情况				小计
		未完成汇报或展示计0分	完成汇报或展示计3分	声音洪亮、表达清晰、内容熟悉、落落大方得4分，其余酌情扣分（1～4分）	回答问题情况：认真对待提问，回答正确，语言组织好得3分，其余酌情扣分（0～3分）	
教师评价（小组成员加、扣分同时计入个人得分，最高5分，最低−5分）	组别	扣分（小组成员讲话、打瞌睡、玩手机或做其他与课堂环节无关的事计−5～−2分）		加分（主动提问、积极回答问题等计2～5分）		小计

说明：

1. 以 4～6 人为一组，人数不宜太多。

2. 小组得分＝小组互评平均分＋教师对小组评分。

3. 个人最后得分＝小组自评分＋小组得分×修正系数＋教师对个人评分。

4. 修正系数＝$\dfrac{\text{个人小组自评得分}}{\text{小组自评平均分}}$×小组互评平均分。

5. 个人得分超过 20 分，以 20 分记载，最低以 0 分记载。

6. 小组自评分由小组长汇总计算个人平均。

7. 个人最后得分由课代表或班委汇总记录。

8. 以上评价均是针对前面的课堂任务或讨论，课程教师也可自行设计任务或讨论的问题。

四、课堂测试

满分 10 分，以仿真操作练习成绩进行折算。

（仿真成绩截图）

五、总结反思

根据评价结果，总结经验，反思不足。

课后任务

预习管式反应器操作常见异常现象与处理。

学习任务 4　管式反应器操作常见异常现象与处理

任务描述

学习管式反应器操作的常见异常现象、发生原因及处理方法。

(1)描述管式反应器操作的常见异常现象;

(2)练习根据异常现象分析判断故障原因;

(3)练习处理或排除故障。

任务准备

完成本次任务需要具备以下知识:

(1)环氧乙烷水合制乙二醇原理知识;

(2)环氧乙烷水合制乙二醇生产工艺知识;

(3)环氧乙烷水合制乙二醇生产操作知识;

(4)化学反应动力学基础知识;

(5)化工单元操作热质传递基础知识。

预习测试

知识储备

以环氧乙烷为原料在管式反应器中发生水合反应生产乙二醇,常见异常现象包括工艺参数异常、设备故障等。有关现象、发生原因和处理方法分述如下。

4.1　不能维持反应器温度

现象:乙二醇反应器温度低。

原因1:蒸气故障。

处理:

(1)精制工段立即停车。

(2)立即关掉干燥塔、一乙二醇塔、一乙二醇分离塔、二乙二醇塔和三乙二醇塔喷射泵系统上游的切断阀或手控阀,以防止蒸气或空气返回任何塔中。

原因2:物料配比异常。

处理:严格控制物料进入在线混合器的摩尔比。

4.2　反应器温度过高

现象：乙二醇反应器温度过高。

原因：冷却水故障。

处理：

(1)停止到蒸发器和所有塔的蒸气。

(2)停止各塔和各蒸发器的回流。

(3)将调节器给定点调到零位流量。

(4)当冷却水流量恢复后，按"正常开车"程序进行操作。

4.3　反应器压力异常

现象：反应压力不正常。

原因：真空喷射泵故障。

处理：

(1)关闭特殊喷射器的工艺蒸气进口处的切断阀。

(2)停止到喷射塔的蒸气、回流和进料。

(3)用氮气消除塔中的真空，然后遵循相应的"正常停车"步骤，停止乙二醇装置的其余设备。

4.4　反应流体不能输送

现象：泵出口没有流量。

原因：泵故障。

处理：

(1)启动备用泵。

(2)如果备用泵不能投入使用，则蒸发系列必须停车。

(3)乙二醇精制系统可以运行以处理存量，或全回流，或停车。

4.5　所有泵停止

现象：物料流量仪表示数为零。

原因：电源故障。

处理：

(1)立即切断通入乙二醇进料气提塔、反应器进料加热器及至所有再沸器的蒸气。

(2)重新调整所有其他的流量控制器，使其流量为零。

(3)电源恢复后，反应系统一般应按"正常开车"程序进行再启动。在蒸发器完全恢复前，来自再吸收塔的环氧乙烷水的流量应很小。

(4)乙二醇蒸发系统应按"正常开车"中的方法重新投入使用。

一、任务分组

学生分组表

班级		组号		指导教师	
组长		学习任务		管式反应器操作异常现象的判断与处理	
序号	姓名/小组		学号		任务分配
1					
2					
3					
4					
5					
6					

二、任务实施

1. 环氧乙烷水合制乙二醇异常现象处理。(仿真操作练习)

2. 管式反应器生产乙二醇异常现象的类型(温度、压力、流量、设备故障等)判断经验总结及分享。

三、任务评价

任务评价表

评价类别	姓名	评价项目及标准				小计
		任务完成情况(0～3分),认真对待、全部完成、质量高得3分,其余酌情扣分	书写状况(0～2分):书写工整、漂亮得2分,其余酌情扣分	参与讨论情况(0～2分):积极讨论,认真思考得2分,其余酌情扣分	承担课堂汇报或展示情况(2～3分,主动承担汇报或展示得3分,指定承担2分)	
小组自评(评价小组内的其他成员,满分10分)						
	组别	课堂汇报或展示完成情况				小计
		未完成汇报或展示计0分	完成汇报或展示计3分	声音洪亮、表达清晰、内容熟悉、落落大方得4分,其余酌情扣分(1～4分)	回答问题情况:认真对待提问,回答正确,语言组织好得3分,其余酌情扣分(0～3分)	
小组互评(组长汇总评价其他小组,满分10分)						
	组别	扣分(小组成员讲话、打瞌睡、玩手机或做其他与课堂环节无关的事计－5～－2分)		加分(主动提问、积极回答问题等计2～5分)		小计
教师评价(小组成员加、扣分同时计入个人得分,最高5分,最低－5分)						

说明：

1. 以 4～6 人为一组，人数不宜太多。

2. 小组得分＝小组互评平均分＋教师对小组评分。

3. 个人最后得分＝小组自评分＋小组得分×修正系数＋教师对个人评分。

4. 修正系数＝$\dfrac{\text{个人小组自评得分}}{\text{小组自评平均分}}$×小组互评平均分。

5. 个人得分超过 20 分，以 20 分记载，最低以 0 分记载。

6. 小组自评分由小组长汇总计算个人平均。

7. 个人最后得分由课代表或班委汇总记录。

8. 以上评价均是针对前面的课堂任务或讨论，课程教师也可自行设计任务或讨论的问题。

四、课堂测试

满分 10 分，以仿真操作练习成绩进行折算。

（仿真成绩截图）

五、总结反思

根据评价结果，总结经验，反思不足。

预习管式反应器日常维护与检修。

学习任务 5　管式反应器日常维护与检修

任务描述

　　学习管式反应器常见设备故障、发生原因及处理方法，学习管式反应器的维护要点。

　　(1)学习管式反应器常见的设备故障及处理方法；

　　(2)叙述管式反应器的维护要点。

任务准备

　　完成本次任务需要具备以下知识：

　　(1)管式反应器结构知识；

　　(2)化工腐蚀及防腐基础知识；

　　(3)物理、化学基础知识；

　　(4)简单的工具使用、化工设备维护知识。

预习测试

知识储备

5.1　管式反应器常见设备故障与处理方法

管式反应器常见设备故障现象、原因及处理方法见表 2.5-1。

表 2.5-1　管式反应器常见设备故障现象、原因及处理方法

序号	故障现象	故障原因	处理方法
1	密封泄漏	①安装密封面受力不均； ②振动引起紧固件松动； ③滑动部件受阻造成热胀冷缩，局部不均匀； ④密封环材料处理不符合要求	停车修理： ①按规范要求重新安装； ②拧紧紧固螺栓； ③检查、修正相对活动部位； ④更换密封环

序号	故障现象	故障原因	处理方法
2	放出阀泄漏	①阀杆弯曲度超过规定值； ②阀芯、阀座密封面受伤； ③装配不当，使油缸行程不足；阀杆与油缸锁紧螺母不紧；密封面光洁度差；装配前清洗不够； ④阀体与阀杆相对密封面过大，密封比压减小； ⑤油压系统故障造成油压降低； ⑥填料压盖螺母松动	停车修理： ①更换阀杆； ②阀座密封面研磨； ③解体检查重装，并做动作试验； ④更换阀门； ⑤检查并修理油压系统； ⑥紧螺母或更换
3	爆破片爆破	①膜片存在缺陷； ②爆破片疲劳破坏； ③油压放出阀连续失灵，造成压力过高； ④运行中超温超压，发生分解反应	①注意安装前爆破片的检验； ②按规定定期更换； ③查油压放出阀联锁系统； ④分解反应爆破后，应做下列各项检查：接头箱超声波探伤，相接邻近超高压配管超声波探伤；经检查不合格的接头箱及高压配管应更换
4	反应管胀缩卡死	①安装不当使弹簧压缩量大，调整垫板厚度不当； ②机架支托滑动面相对运动受阻； ③支承点固定螺栓与机架上长孔位置不正	①重新安装；控制碟形弹簧压缩量；选用适当厚度的调整垫板； ②检查清理滑动面； ③调整反应管位置或修正机架长孔
5	套管泄漏	①套管进出口因管径变化引起气蚀，穿孔套管定心柱处冲刷磨损穿孔； ②套管进出接管结构不合理； ③套管材料较差； ④接口及焊接存在缺陷； ⑤连接管法兰紧固不均匀	①停车局部修理； ②改造套管进出接管结构； ③选用合适的套管材料； ④焊口按规范修补； ⑤重新安装连接管，更换垫片

5.2 管式反应器维护要点

与釜式反应器相比较，由于没有搅拌器一类的转动部件，因此管式反应器具有密封可靠，振动小，管理、维护、保养简便的特点。但是，经常性的巡回检查仍然是必不可少的。运行中出现故障时，必须及时处理，决不能敷衍。管式反应器的维护要点如下：

（1）检查反应器振幅。反应器的振动通常有两个来源：一是超高压压缩机的往复运动造成的压力脉动的传递；二是反应器末端压力调节阀频繁动作而引起的压力脉动。振幅较大时要检查反应器入口、出口配管接头箱固定螺栓及本体抱箍是否有松动，若有松动应及时紧固，但接头箱紧固螺栓只能在停车后才能进行调整。同时要注意碟形弹簧垫圈的压缩量，一般允许为压缩量的 50％，以保证管子热膨胀时的伸缩自由。反应器振幅控制在 0.1 mm 以下。

（2）要经常检查钢结构地脚螺栓是否有松动，焊缝部分是否有裂纹等。

（3）检查管子伸缩是否受到约束。

开停车时要检查管子伸缩是否受到约束，位移是否正常。除直管支架处碟形弹簧垫圈不应卡死外，弯管支座的固定螺栓也不应该压紧，以防止反应器伸缩时的正常位移受到阻碍。

任务实践

一、任务分组

学生分组表

班级		组号		指导教师	
组长		学习任务		管式反应器的日常维护与检修	
序号	姓名/小组		学号		任务分配
1					
2					
3					
4					
5					
6					

二、任务实施

任务一

1. 管式反应器何种情况下容易受到应力损坏，开车、停车时还是正常生产时，为什么？

2. 直管支架处碟形弹簧垫圈起什么作用，安装上有何要求？

任务二

1. 检查管式反应器的运行情况，判断有无泄漏等，试分析原因，提出处理办法。

2. 管式反应器入口、出口配管接头箱紧固螺栓松动应该如何处理？写出正确的操作步骤。

三、任务评价

任务评价表

评价类别	姓名	评价项目及标准				小计
		任务完成情况（0~3分），认真对待、全部完成、质量高得3分，其余酌情扣分	书写状况（0~2分）：书写工整、漂亮得2分，其余酌情扣分	参与讨论情况（0~2分）：积极讨论，认真思考得2分，其余酌情扣分	承担课堂汇报或展示情况（2~3分，主动承担汇报或展示得3分，指定承担2分）	
小组自评（评价小组内的其他成员，满分10分）						
小组互评（组长汇总评价其他小组，满分10分）	组别	课堂汇报或展示完成情况				小计
		未完成汇报或展示计0分	完成汇报或展示计3分	声音洪亮、表达清晰、内容熟悉、落落大方得4分，其余酌情扣分（1~4分）	回答问题情况：认真对待提问，回答正确，语言组织好得3分，其余酌情扣分（0~3分）	
教师评价（小组成员加、扣分同时计入个人得分，最高5分，最低−5分）	组别	扣分（小组成员讲话、打瞌睡、玩手机或做其他与课堂环节无关的事计−5~−2分）		加分（主动提问、积极回答问题等计2~5分）		小计

说明：

1. 以 4～6 人为一组，人数不宜太多。

2. 小组得分＝小组互评平均分＋教师对小组评分。

3. 个人最后得分＝小组自评分＋小组得分×修正系数＋教师对个人评分。

4. 修正系数＝$\dfrac{\text{个人小组自评得分}}{\text{小组自评平均分}}$×小组互评平均分。

5. 个人得分超过 20 分，以 20 分记载，最低以 0 分记载。

6. 小组自评分由小组长汇总计算个人平均。

7. 个人最后得分由课代表或班委汇总记录。

8. 以上评价均是针对前面的课堂任务或讨论，课程教师也可自行设计任务或讨论的问题。

四、课堂测试

满分 10 分，扫码完成课堂测试。

课堂测试

（课堂测试成绩截图）

五、总结反思

根据评价结果，总结经验，反思不足。

课后任务

复习本模块，准备测试。

单元测试

模块 3
固定床反应器操作与控制

模块描述

　　固定床反应器因其内部物料返混小、反应速率快、生产强度大等特点成为气—固相反应器的首选，在实际化工生产中有着非常广泛的应用。掌握固定床反应器的相关知识和技能是化工总控操作人员的基本素质。

　　本模块依据《化工总控工国家职业标准》中级工职业标准"化工装置总控操作——开车操作、运行操作和停车操作"要求的知识点和技能点，通过"学习任务 1 认识固定床反应器、学习任务 2 固定床反应器开车操作、学习任务 3 固定床反应器停车操作、学习任务 4 固定床反应器操作常见异常现象与处理、学习任务 5 固定床反应器日常维护与检修"学习训练，使学习者具备比较熟练操作和控制釜式反应器的能力。

模块分析

　　催化剂粒度、活性、寿命、适用温度等性质不同，反应体系的特点和工艺要求不同，对反应器的结构和催化剂用量要求也不同，因此，学习固定床反应器的操作与控制应首先了解固定床反应器的分类和适用反应类型以及结构组成和作用，再进一步学习固定床反应器开车、停车操作，异常现象的分析和处理，日常维护和检修等内容。选择以真实的化工产品生产过程为背景开发的仿真平台，结合真实反应设备或模型，按照认识事物的规律和工作过程的顺序组织学习任务，使学习者在实训现场和仿真操作中学习，提高参数的控制和调节水平，达到本模块的学习目标。

知识目标：

1. 了解固定床反应器的工业应用、分类。

2. 掌握单段绝热式固定床、三套管并流连续换热固定床反应器的结构组成和作用。

3. 熟悉固体催化剂有效系数及影响因素，理解温度、压力、空速、催化剂粒度、孔隙结构等因素对反应速率和产物分布的影响。

能力目标：

1. 能绘制固定床反应器外形结构简图。

2. 能分析操作条件变化对反应速率和产物分布的影响。

3. 能进行催化剂的装填、卸出、再生等操作。

4. 能进行固定床反应器的开车、停车操作。

5. 能对固定床操作中常见异常现象进行分析、判断和处理。

素质目标：

1. 培养安全生产意识、环境保护意识、节能意识、成本意识。

2. 树立规范操作意识、劳动纪律和职业卫生意识。

3. 具备资料查阅、信息检索和加工整理等自主学习能力。

4. 具有沟通交流能力、团队意识和协作精神。

5. 培养发现、分析和解决问题的能力。

6. 培养克服困难的勇气和精益求精的工匠精神。

学习任务 1　认识固定床反应器

任务描述

学习固定床反应器的工业应用、结构组成及各部分作用等。

(1)叙述固定床反应器的分类、结构及适用反应类型；

(2)叙述固定床反应器的结构组成及各部分作用；

(3)绘制固定床反应器的结构简图。

任务准备

完成本次任务需要具备以下知识：

(1)固定床反应器分类知识；

(2)固体催化剂基础知识；

(3)化学反应宏观动力学基础知识；

(4)化工单元操作热质传递基础知识。

预习测试

知识储备

1.1　固定床反应器在化工生产中的应用

固定床反应器是指流体通过不动的固体物料形成的床层面进行反应的设备。固定床反应器广泛用于气－固相催化和非催化反应，例如，早期的煤汽化所用的间歇式煤气发生炉、氨合成塔、一氧化碳变换炉、二氧化硫催化转化器、石油催化重整炉等都是固定床反应器。由于固体物料在床层中缓慢移动或静止不动，气体从颗粒的缝隙之间流过，物料返混小，反应物浓度高，反应速率快，达到同样转化率时催化剂用量少，使得反应器体积小，生产强度高，因此固定床反应器在气－固相反应中往往成为首选的反应器类型。

1.2　固定床反应器的类型与结构

随着化工生产技术的进步，已经出现多种固定床反应器的结构类型，以适应不同的传热要求。根据传热方式不同，固定床反应器主要分为绝热式和换热式两大类。下面对各种类型固定床反应器进行介绍。

1.2.1　绝热式固定床反应器的基本结构

绝热式固定床反应器绝热措施良好，与外界无热量交换或热量损失与反应本身热效应相比可忽略不计。根据反应过程中，催化剂装填的段数不同，绝热式固定床反应器可分为单段绝热式和多段绝热式。无论单段还是多段，绝热式固定床反应器一般都是金属圆筒外形，结构简单，催化剂均匀装填于床层内。绝热式固定床反应器具有以下特点：床层直径远大于催化剂颗粒直径；床层高度与催化剂颗粒直径之比一般超过100；与外界没有热量交换，床层温度沿物料的流向而改变。

（1）单段绝热式。单段绝热式固定床反应器是在一个中空圆筒的底部放置搁板（支承板），在搁板上堆积固体催化剂。反应气体经预热到适当温度后，从圆筒体上部通入，经过气体预分布装置均匀通过催化剂层进行反应，反应后的气体由下部引出，如图 3.1-1 所示。

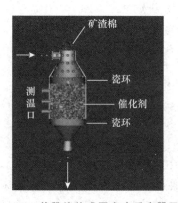

图 3.1-1　单段绝热式固定床反应器示意

这类反应器结构简单，反应器生产能力大。对于反应热效应不大（床层温度升高有限，不会超过催化剂的耐热温度）、温度允许有较宽变动范围的反应过程，常采用此类反应器。以天然气为原料的大型氨厂中的一氧化碳中（高）温变换、低温变换，以及甲烷化反应都采用单段绝热式固定床反应器。

对于热效应较大的反应，只要对反应温度不很敏感（化学反应的活化能较低）或是反应速率非常快（达到要求的转化率所需时间短，催化剂用量少，装填厚度较薄，床层积累的热量不致催化剂活性较大程度降低）的过程，有时也使用这种类型的反应器。例如，甲醇在银或铜催化剂上用空气氧化制甲醛时，虽然反应热很大，但因反应速率很快，则只需薄薄的催化剂床层即可。如图 3.1-2 所示，此薄层为绝热床层，下段为一列管式换热器。反应物预热到 383 K，反应后升温到 873～923 K 时，立即在很高的混合气体线速度下进入冷却器降温以终止反应，防止生成的甲醛进一步氧化或分解。

单段绝热式固定床反应器的突出缺点是反应过程中温度变化较大。当反应热效应较大、反应速率较慢而又要求反应物达到较高的转化率时，绝热升温必使反应器内的温度变化超出允许范围，导致催化剂活性大大降低，严重时会烧坏催化剂或反应设备。

（2）多段绝热式。多段绝热式固定床反应器是为弥补单段绝热式固定床反应器的不足而设计制造的，一般有 2～4 段催化剂层，段间进行热量交换，以便保持整个反应过程有较快的速率。由于反应过程中没有热量交换，因而仍然是绝热式固定床反应器。在多段绝热床中，反应气体通过第一段绝热床反应至一定的温度和转化率而离可逆放热单一反应平衡温度曲线不太远时，将反应气体冷却至远离平衡温度曲线的状态，再进行下一段的绝热反应，反应和冷却（或加热）过程间隔进行，如图 3.1-3 所示。

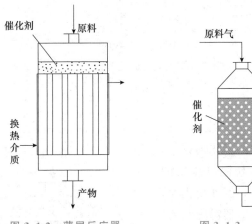

图 3.1-2　薄层反应器　　　　图 3.1-3　两段绝热式固定床反应器

根据段间反应气体的冷却或加热方式，多段绝热式又可分为中间间接换热式和冷激式。中间间接换热式是在段间装有换热器，其作用是将上一段的反应气冷却，同时利用此热量将未反应的气体预热或通入外来载热体取出多余反应热，如图 3.1-4（a）～（c）所示。工业上二氧化硫氧化、乙苯脱氢过程等常用中间间接换热式。由于中间间接换热式，冷、热流体通过管壁进行热交换，没有直接接触，因而换热过程对反应物的转化率没有影响。

冷激式是用冷流体直接与上一段出口气体混合以降低反应温度。冷激式固定床反应器结构简单，便于装卸催化剂，内无冷管，避免因少数冷管损坏而影响操作，特别适用于大型催化反应器。根据冷激所用的流体不同，冷激式可分为非原料气冷激和原料气冷激。冷激用的冷流体如果是非关键组分的反应物，称为非原料气冷激式，如图 3.1-4（d）所示；冷激用的冷流体如果是尚未反应的原料气，称为原料气冷激式，如图 3.1-4(e)所示。

工业上高压操作的反应设备如大型氨合成塔、以合成气为原料的甲醇合成塔常采用冷激式反应器。

在冷激式固定床中,由于冷、热流体直接接触,因而换热效率高,降温效果好,但往往导致系统组成改变,甚至原料气转化率降低,要达到要求的转化率,一般需要较多的催化剂用量。

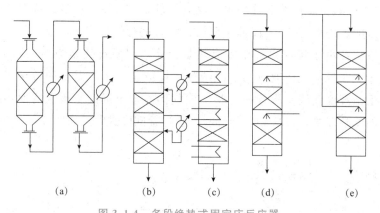

图 3.1-4　多段绝热式固定床反应器

(a)~(c)中间间接换热式;(d)非原料气冷激式;(e)原料气冷激式

从上面的介绍可以看出,绝热式固定床反应器结构简单,同样大小装置所容纳的催化剂较多,反应效率高,广泛适用于大型、高温、高压的气-固相反应。但由于反应过程中,温度变化大,不适用于对温度变化敏感,要求反应器温度均衡、稳定的反应类型。

1.2.2　换热式固定床反应器的类型和结构

换热式固定床反应器是指反应过程中同时进行热量交换,以维持反应器温度均匀、稳定的床层反应设备。当反应热效应较大时,必须利用换热介质来移走或供给热量。按换热介质不同,换热式固定床反应器可分为对外换热式固定床反应器和自热式固定床反应器。

以各种载热体为换热介质的对外换热式固定床反应器多为列管式结构,如图 3.1-5 所示,类似于列管式换热器。通常管内装填催化剂,管间走载热体,一般有以下特点:催化剂粒径小于管

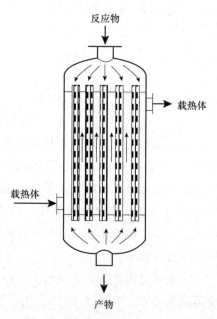

图 3.1-5　列管式固定床反应器

径的 1/8；利用载热体来带走或供给热量，床层温度维持稳定。

列管式固定床反应器由于通常采用 $\phi25\sim30$ mm 的小管径，单位体积传热面积大，因而特别适用于反应热效应大、热强度要求高的反应类型。工业上，以天然气为原料生产合成氨，其中烃类蒸气转化所用的一段转化炉就利用了高热强度的特点。列管式固定床反应器的传热效果好，催化剂床层温度易控制，又因管径较细，流体在催化床内的流动可视为理想置换流动，故反应速率快，选择性高。然而其结构较复杂，设备费用高。

列管式固定床反应器应用中，合理选择载热体及其温度控制是保持反应稳定进行的关键。由于要求反应器整体温度均匀，因而载热体与反应体系的温差宜小，但必须能移走反应过程中释放出的大量热量，这就要求有大的传热面积和传热系数。一般反应温度在 240 ℃以下宜采用加压热水作载热体；反应温度在 250～300 ℃可采用挥发性低的导热油；反应温度在 300 ℃以上的则需用高温熔盐，如 53% KNO_3、7% $NaNO_3$、40% $NaNO_2$ 的混合物。

对于强放热的反应，如氧化反应，由于放热速率和移热速率的差异，导致径向和轴向都有温差。如果催化剂的导热性能良好，而气体流速又较快，传热速率快，则径向温差可较小。轴向的温度分布主要取决于沿轴向各点的放热速率和管外载热体的移热速率。在反应器进口段，由于原料气分压高，反应速率快，因而放热速率也快，大于移热速率，因而温度逐渐升高；在反应器出口段，因反应消耗导致反应物浓度降低，反应速率慢，因而放热速率也慢，小于移热速率，因而温度逐渐下降。一般沿轴向温度分布都有一个最高温度，称为热点，如图 3.1-6 所示。

在热点以前放热速率大于移热速率，热点以后恰恰相反。热点温度过高，将使反应选择性降低，催化剂变劣，甚至使反应失去稳定性而产生飞温。因此，控制热点温度是使反应能顺利进行的关键。热点出现的位置及高度与反应条件的控制、传热和催化剂的活性有关。随着催化剂的逐渐老化，热点温度逐渐下移，其高度也逐渐降低。

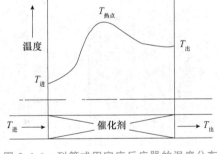

图 3.1-6　列管式固定床反应器的温度分布

热点温度的出现，使整个催化床层中只有一小部分催化剂是在所要求的温度条件下操作，影响了催化剂效率的充分发挥。为了降低热点温度，减少轴向温差，使沿轴向大部分催化剂床层能在适宜的温度范围内操作，工业生产上所采取的措施如下：

(1)在原料气中带入微量抑制剂，使催化剂部分毒化。

(2)在原料气入口处附近的反应管上层放置一定高度惰性载体稀释的催化剂，或放置一定高度已部分老化的催化剂。

以上两点措施目的是降低入口处附近的反应速率，以降低放热速率，使其与移热速率尽可能平衡。

（3）采用分段冷却法，改变移热速率，使其与放热速率尽可能平衡等。

由于有些反应具有爆炸的危险性，在设计反应器时必须考虑防爆装置，如设置安全阀、防爆膜等。操作时与流化床反应器不同，原料必须充分混合后再进入反应器，原料组成受爆炸极限的严格限制，有时为了安全须加水蒸气或氮气作为稀释剂。

自热式固定床反应器是指用反应出口的高温气体预热进口原料气的床层反应设备，其基本结构为催化床。催化床的上部为绝热层，下部为催化剂装在冷管间的连续换热层。未反应气体经过床外换热器和冷管预热到一定温度进入催化床层，在绝热层中因反应放热而使气体迅速升温达到最佳温度，在连续换热层中反应放出的热量被原料气冷却而接近最佳温度。图 3.1-7 所示为三套管并流式冷管催化床温度分布及操作状况。冷管为三重套管结构，外冷管是催化床的换热面，内冷管里衬有内衬管，内冷管与内衬管之间的间距为 1 mm，内衬管上部开口，底部封死，气体扩散进入内衬管，由于气体热导率低，形成隔热的滞气层，使内、外冷管之间的传热可以不计，因而内冷管只起到气体通道的作用，而外冷管中的气体可与床层进行连续的热量交换。由于床层反应器中上部冷管内气体温度低，与催化床的传热温差大，移热速率快，下部冷管内气体温度较高，与催化床的传热温差小，移热速率慢，这与催化床的放热速率和移热要求恰好吻合，因而三套管并流式冷管结构能够有效降低床层的热点温度，使催化剂保持较好的活性。显然，这类反应器只适用于放热反应，较易维持一定温度分布。然而，该反应器冷管结构复杂，造价高，占据空间大，催化剂装填量受影响，只适用于热效应不大的高压反应过程，如中小型合成氨反应。

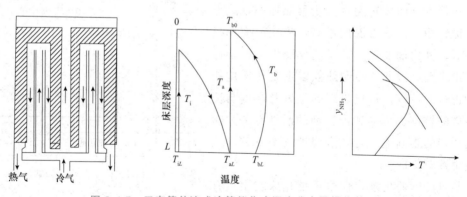

图 3.1-7　三套管并流式冷管催化床温度分布及操作状况

气－固相固定床反应器除以上几种主要类型外，近年来又发展了径向流动固定床反应器。

按照反应气体在催化床中的流动方向，固定床反应器可分为轴向流动与径向流动固定床反应器。轴向流动固定床反应器中气体流向与反应器轴平行；径向流动固定床反应器中气体在垂直于反应器轴的各个横截面上沿半径方向流动，如图 3.1-8 所示。径向流动固定床反应器的气体流道短，流速低，可大幅度地降低催化床压降，为使用小颗粒催化剂提供了条件。径向流动反应器的设计关键是合理设计流道，以使各个横截面上的气体流量均等，对分布流道的制造要求较高，且要求催化剂有较高的机械强度，以免催化剂破损而堵塞分布小孔，破坏流体的均匀分布。

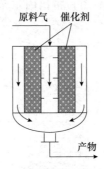

图 3.1-8　径向流动固定床反应器

任务实践

一、任务分组

学生分组表

班级		组号		指导教师	
组长		学习任务		认识固定床反应器	
序号	姓名/小组		学号	任务分配	
1					
2					
3					
4					
5					
6					

二、任务实施

任务一

1. 识读下面固定床反应器结构简图，指出固定床反应器结构组成和作用。

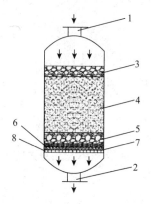

2. 单段绝热式固定床反应器适用于哪些反应类型？为什么不能用于热效应大的慢反应？

3. 催化剂能同等程度加快正、逆反应的速率吗，为什么？

4. 径向流动固定床反应器是否已经大量工业化应用，原因是什么？

任务二

1. 绘制单段绝热式固定床反应器外形结构简图，并注明各部分名称。

2. 查阅资料，了解固定床反应器的发展趋势，撰写书面报告。

三、任务评价

任务评价表

评价类别	姓名	评价项目及标准				小计
		任务完成情况(0~3分),认真对待、全部完成、质量高得3分,其余酌情扣分	书写状况(0~2分):书写工整、漂亮得2分,其余酌情扣分	参与讨论情况(0~2分):积极讨论,认真思考得2分,其余酌情扣分	承担课堂汇报或展示情况(2~3分,主动承担汇报或展示得3分,指定承担2分)	
小组自评(评价小组内的其他成员,满分10分)						
小组互评(组长汇总评价其他小组,满分10分)	组别	课堂汇报或展示完成情况				小计
		未完成汇报或展示计0分	完成汇报或展示计3分	声音洪亮、表达清晰、内容熟悉、落落大方得4分,其余酌情扣分(1~4分)	回答问题情况:认真对待提问,回答正确,语言组织好得3分,其余酌情扣分(0~3分)	
教师评价(小组成员加、扣分同时计入个人得分,最高5分,最低-5分)	组别	扣分(小组成员讲话、打瞌睡、玩手机或做其他与课堂环节无关的事计-5~-2分)		加分(主动提问、积极回答问题等计2~5分)		小计

说明：

1. 以 4～6 人为一组，人数不宜太多。

2. 小组得分＝小组互评平均分＋教师对小组评分。

3. 个人最后得分＝小组自评分＋小组得分×修正系数＋教师对个人评分。

4. 修正系数＝$\dfrac{\text{个人小组自评得分}}{\text{小组自评平均分}}$×小组互评平均分。

5. 个人得分超过 20 分，以 20 分记载，最低以 0 分记载。

6. 小组自评分由小组长汇总计算个人平均。

7. 个人最后得分由课代表或班委汇总记录。

8. 以上评价均是针对前面的课堂任务或讨论，课程教师也可自行设计任务或讨论的问题。

四、课堂测试

满分 10 分，扫码完成课堂测试。

课堂测试

（课堂测试成绩截图）

五、总结反思

根据评价结果，总结经验，反思不足。

课后任务

预习固定床反应器开车操作。

学习任务 2　固定床反应器开车操作

学习固定床反应器充压、实气置换和开车操作等。

(1)叙述以 C2 为主混合烃原料气催化加氢脱乙炔的生产原理、主要设备和工艺参数;

(2)叙述和绘制以 C2 为主混合烃催化加氢脱乙炔的工艺流程;

(3)完成固定床反应器的开车操作;

(4)控制固定床反应器的重要工艺参数。

任务准备

完成本次任务需要具备以下知识:

(1)以 C2 为主混合烃催化加氢脱乙炔的生产原理知识;

(2)以 C2 为主混合烃催化加氢脱乙炔的工艺流程知识;

(3)化学反应动力学基础知识;

(4)反应设备充压知识;

(5)安全操作知识。

预习测试

知识储备

2.1　固定床反应器开车操作的项目背景

2.1.1　以 C2 为主混合烃原料催化加氢脱乙炔的生产原理

乙烯是重要的化工原料,其作为聚合原料对纯度有很高的要求。烃类裂解制乙烯所得的以 C2 为主的烃原料中含有少量的乙炔,对于后续的生产加工过程有很大的影响,必须采取措施,使其含量符合指标要求。本项目采用固定床选择性催化加氢以达到脱除乙炔的目的。

催化加氢脱乙炔的反应式为

$$nC_2H_2 + nH_2 \longrightarrow (C_2H_4)_n$$

该反应是强放热反应,每摩尔乙炔反应后,放出热量约为 314 kJ。

当体系温度超过 66 ℃时，将发生乙烯二聚副反应：

$$2n\mathrm{C_2H_4} \longrightarrow (\mathrm{C_4H_8})_n$$

该反应也是放热反应。

2.1.2　以 C2 为主混合烃原料催化加氢脱乙炔的工艺流程

温度约为 −15 ℃含乙炔的以 C2 为主的烃原料，与温度约为
10 ℃的氢气和甲烷的混合气，按一定比例在管线中混合后，经
原料气/反应气换热器（EH423）预热，再经原料气预热器
（EH424）预热到 38 ℃，进入固定床反应器（ER424A/B），乙炔
在温度 44 ℃、压力 2.523 MPa 和催化剂存在下反应生成乙烷，
出固定床的反应气与原料气换热降温后去下一个工序。

固定床反应器
开车 1

工艺流程如图 3.2-1 所示。

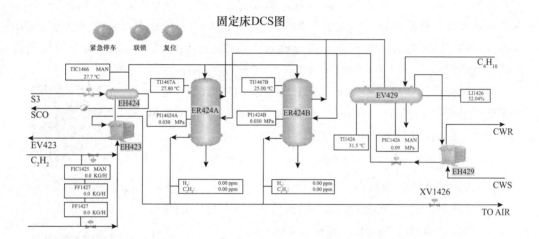

图 3.2-1　固定床催化加氢脱乙炔的工艺流程

由于温度过高时会发生 $\mathrm{C_2H_4}$ 聚合生成 $\mathrm{C_4H_8}$ 的副反应，因而需严格控制固定床反
应器的温度。本工艺采用液态丁烷(C4)蒸发移走反应热控制床温。加压液态 C4 由闪蒸
罐经入口阀进入反应器壳侧，吸热汽化成为 C4 蒸气，C4 蒸气在冷凝器 EH429 中由冷
却水冷凝成液态循环使用。C4 的压力由压力控制器 PIC1426 通过调节 C4 蒸气冷凝回
流量来控制，从而保持 C4 冷剂的温度。

2.1.3　催化加氢脱乙炔的重要设备

(1)EH423：原料气/反应气换热器。

(2)EH424：原料气预热器。

(3)EH429：C4 蒸气冷凝器。

(4)EV429：C4 闪蒸罐。

(5)ER424A/B：固定床反应器。

2.1.4 催化加氢脱乙炔的重要参数

(1)固定床温度:约 44 ℃。

(2)固定床压力:约 2.523 MPa。

(3)EH424 出口温度:约 38 ℃。

(4)EV429 压力:0.4 MPa。

(5)ER424A 出口氢气和乙炔浓度:氢气<50 ppm①,乙炔<200 ppm。

(6)EV429 液位:50%。

2.2 催化加氢脱乙炔的开车操作

没有安全就没有生产,要生产就要保证安全。化工安全在生产中是首要的。以 C2 为主的烃原料催化加氢脱乙炔,无论原料还是产物都是燃烧爆炸性气体,因而必须高度重视安全,防止空气或氧气串入系统,引发安全事故。本装置的开工状态为反应器和闪蒸罐都处于已进行过氮气充压置换后保压在 0.03 MPa 的状态,可以直接进行充压置换。虽然不需要进行充氮操作,但应该确认系统处于保压的压力,保证系统密闭性好,没有泄漏。

固定床催化加氢脱乙炔的开车操作步骤:闪蒸罐充丁烷→固定床反应器壳层充丁烷→开原料气预热蒸气→反应器充压置换→调节控制反应温度和压力。具体操作如下。

固定床反应器
开车 2

2.2.1 闪蒸罐 EV429 充丁烷

(1)确认闪蒸罐 EV429 压力为 0.03 MPa。

(2)打开 EV429 回流阀 PV1426 的前后阀 VV1429、VV1430。

(3)调节 PV1426(PIC1426)阀开度为 50%。

(4)EV429 通冷却水,打开 KXV1430,开度为 50%。

(5)打开 EV429 的丁烷进料阀 KXV1420,开度为 50%。

(6)当液位达到 50%时,关进料阀 KXV1420。

固定床反应器
开车 3

2.2.2 固定床反应器 ER424A(或 ER424B)壳层充丁烷

(1)确认事项。

1)反应器 0.03 MPa 保压。

2)EV429 液位到达 50%。

(2)充丁烷。打开丁烷冷剂进 ER424A 壳层的阀门 KXV1423,有液体流过,充液结束。同时,打开出 ER424A 壳层的阀门 KXV1425。

固定床反应器
开车 4

----

① 1 ppm=10^{-6}。

2.2.3 固定床反应器 ER424A 启动

（1）启动前准备工作。

1）ER424A 壳层有液体流过。

2）打开低压蒸气 S3 控制阀 TIC1466。

3）调节回流阀 PIC1426，压力控制设定在 0.4 MPa。

（2）ER424A 充压、实气置换。

1）打开 FIC1425 的前后阀 VV1425 和 VV1426 与固定床反应器入口阀 KXV1412。

2）打开阀 KXV1418。

3）微开 ER424A 出料阀 KXV1413，丁烷进料控制 FIC1425 置手动，慢慢增大开度，增大进料，提高反应器压力，充压至 2.523 MPa。

4）缓开 ER424A 出料阀 KXV1413 至 50%，充压至压力平衡。

5）乙炔原料进料控制阀 FIC1425 投自动，设定值为 56 186.8 kg/h。

（3）ER424A 配氢，调整丁烷冷剂压力。

1）稳定反应器入口温度在 38.0 ℃，使 ER424A 升温。

2）当反应器温度接近 38.0 ℃（超过 35.0 ℃）时，准备配氢。打开 FV1427 的前后阀 VV1427、VV1428。

3）氢气进料控制阀 FIC1427 投自动，流量设定为 80 kg/h。

4）观察反应器温度变化，当氢气量稳定后，FIC1427 改手动操作。

5）缓慢增加氢气量，注意观察反应器温度变化。

6）氢气流量控制阀开度每次增加不超过 5%。

7）氢气量最终加至 200 kg/h 左右，此时 $H_2/C2=2.0$，FIC1427 投串级。

8）调节反应器壳层丁烷冷剂流量，控制反应器温度 44.0 ℃ 左右。

2.3 固定床反应器的开车操作要点

（1）控制原料气进入反应器的入口温度，防止超温引起副反应，甚至引发联锁动作。由于气体的热容很小，因而低压加热蒸气流量变化将会引起原料气入口温度明显变化，尤其是原料气流量较小时更是如此，此时极易导致超温引起联锁起跳。

（2）严格控制两路原料的进料比例。FF1427 为比值调节器，根据 FIC1425（以 C2 为主的烃原料）的流量，按一定的比例，相应调整 FIC1427（H_2）的流量。

2.4 固定床反应器开车操作重要参数的控制方法

（1）固定床反应器入口温度。为防超温，刚开始进行实气置换时，加热蒸气阀的开度应很小，待原料气流量增大（8 000 kg/h 以上）之后，再增大加热蒸气流量。原料气流量增大，加热蒸气阀开度也随之增大，注意增大的幅度不宜过大。当原料气流量稳定在正常值 56 186.8 kg/h 左右，FIC1425 投自动，增大加热蒸气阀开度，使原料气进入反应器温度接近 38 ℃，然后 TIC1466 投自动，设定温度为 38 ℃。

（2）固定床反应器温度。控制好原料气入口温度和液态丁烷压力的前提下，通过调节进入床层反应器壳层的丁烷流量（调节进出口阀开度），使反应器温度稳定在 44 ℃ 左右。

（3）固定床反应器出口处氢气和乙炔的浓度。控制好压力和温度的前提下，通过控制两路原料的比值，保证出口处氢气的浓度低于 50 ppm，乙炔的浓度低于 200 ppm。

2.5　ER424A 与 ER424B 间切换操作

（1）关闭氢气进料。

（2）ER424A 温度下降至低于 38 ℃后，打开 C4 冷剂进 ER424B 的阀门 KXV1424、KXV1426，关闭 C4 冷剂进 ER424A 的阀门 KXV1423、KXV1425。

（3）开 C_2H_2 进 ER424B 的阀门 KXV1415，微开 KXV1416，关闭进 ER424A 的阀门 KXV1412。

2.6　ER424B 的操作

ER424B 的充压置换和升温启动操作与 ER424A 的操作相同。

任务实践

一、任务分组

学生分组表

班级		组号		指导教师	
组长		学习任务		固定床反应器开车操作	
序号	姓名/小组		学号	任务分配	
1					
2					
3					
4					
5					
6					

二、任务实施

1. 固定床 C2 混合烃催化加氢除乙炔开车操作。（仿真操作练习）

2. 总结、分享 C2 混合烃催化加氢脱乙炔温度（包括反应器温度和原料预热温度）控制经验。

3. 总结、分享固定床反应器充压的正确操作。

三、任务评价

任务评价表

评价类别	姓名	评价项目及标准				小计
		任务完成情况（0～3分），认真对待、全部完成、质量高得3分，其余酌情扣分	书写状况（0～2分）：书写工整、漂亮得2分，其余酌情扣分	参与讨论情况（0～2分）：积极讨论，认真思考得2分，其余酌情扣分	承担课堂汇报或展示情况（2～3分，主动承担汇报或展示得3分，指定承担2分）	
小组自评（评价小组内的其他成员，满分10分）						

		课堂汇报或展示完成情况				
小组互评 (组长汇总评价其他小组,满分10分)	组别	未完成汇报或展示计0分	完成汇报或展示计3分	声音洪亮、表达清晰、内容熟悉、落落大方得4分,其余酌情扣分(1~4分)	回答问题情况:认真对待提问,回答正确,语言组织好得3分,其余酌情扣分(0~3分)	小计
教师评价 (小组成员加、扣分同时计入个人得分,最高5分,最低-5分)	组别	扣分(小组成员讲话、打瞌睡、玩手机或做其他与课堂环节无关的事计-5~-2分)		加分(主动提问、积极回答问题等计2~5分)		小计

说明:

1. 以4~6人为一组,人数不宜太多。

2. 小组得分＝小组互评平均分＋教师对小组评分。

3. 个人最后得分＝小组自评分＋小组得分×修正系数＋教师对个人评分。

4. 修正系数＝$\dfrac{\text{个人小组自评得分}}{\text{小组自评平均分}}$×小组互评平均分。

5. 个人得分超过20分,以20分记载,最低以0分记载。

6. 小组自评分由小组长汇总计算个人平均。

7. 个人最后得分由课代表或班委汇总记录。

8. 以上评价均是针对前面的课堂任务或讨论,课程教师也可自行设计任务或讨论的问题。

四、课堂测试

满分 10 分，以仿真操作练习成绩进行折算。

（仿真成绩截图）

五、总结反思

根据评价结果，总结经验，反思不足。

课后任务

预习固定床反应器停车操作。

学习任务3 固定床反应器停车操作

任务描述

学习固定床反应器的停车操作。

(1)叙述固定床反应器的停车操作步骤；

(2)完成固定床反应器的正常停车操作。

任务准备

完成本次任务需要具备以下知识：

(1)以C2为主的混合烃催化加氢脱乙炔的停车操作步骤知识；

(2)化工单元操作传热知识；

(3)化学动力学基础知识；

(4)化工安全操作知识。

预习测试

知识储备

连续操作的化工装置，经过一段时间的运行之后，往往需要停车检修，这种有计划的停车，称为正常停车。生产中有时会遇到突发情况，例如，水、电、气、风中断或是突然出现的重大设备故障而导致的非计划停车，因情况紧急，需要迅速果断地处理，这种称为紧急停车。为了应对突发情况，化工企业或重要装置和车间，需要做好事故预案，并定期演练，防止重大事故发生。固定床反应器的正常停车操作和紧急停车操作介绍如下。

3.1 固定床反应器的正常停车

固定床反应器的正常停车操作步骤：切断氢气进料→停止加热→增大冷剂取热→降低并关闭C2混合烃进料→降低系统温度、压力至常温、常压。操作过程中应严防反应器超温。

(1)关闭氢气进料，关闭VV1427、VV1428，FIC1427设手动，开度为0。

固定床停车

（2）关闭加热器 EH424 蒸气进料，TIC1466 设手动，开度为 0。

（3）闪蒸罐冷凝回流阀 PIC1426 设手动，开度为 100％。

（4）逐渐减少乙炔进料，开大 EH429 冷却水流量。

（5）逐渐降低反应器温度、压力至常温、常压。

（6）逐渐降低闪蒸罐温度、压力至常温、常压。

3.2　固定床反应器的紧急停车

（1）与正常停车操作规程相同。

（2）也可按紧急停车按钮（在图 3.2-1 上）。

任务实践

一、任务分组

学生分组表

班级		组号		指导教师	
组长		学习任务		固定床反应器停车操作	
序号	姓名/小组		学号	任务分配	
1					
2					
3					
4					
5					
6					

二、任务实施

1. C2 混合烃催化加氢脱乙炔停车操作。（仿真操作练习）

2. 归纳总结 C2 混合烃催化加氢脱乙炔停车操作中出现的问题，进行原因分析及处理。

三、任务评价

任务评价表

评价类别	姓名	评价项目及标准				小计
		任务完成情况（0～3分），认真对待、全部完成、质量高得3分，其余酌情扣分	书写状况（0～2分）：书写工整、漂亮得2分，其余酌情扣分	参与讨论情况（0～2分）：积极讨论，认真思考得2分，其余酌情扣分	承担课堂汇报或展示情况（2～3分，主动承担汇报或展示得3分，指定承担2分）	
小组自评（评价小组内的其他成员，满分10分）						
小组互评（组长汇总评价其他小组，满分10分）	组别	课堂汇报或展示完成情况				小计
		未完成汇报或展示计0分	完成汇报或展示计3分	声音洪亮、表达清晰、内容熟悉、落落大方得4分，其余酌情扣分（1～4分）	回答问题情况：认真对待提问，回答正确，语言组织好得3分，其余酌情扣分（0～3分）	
教师评价（小组成员加、扣分同时计入个人得分，最高5分，最低－5分）	组别	扣分（小组成员讲话、打瞌睡、玩手机或做其他与课堂环节无关的事计－5～－2分）		加分（主动提问、积极回答问题等计2～5分）		小计

说明:

1. 以 4～6 人为一组,人数不宜太多。

2. 小组得分＝小组互评平均分＋教师对小组评分。

3. 个人最后得分＝小组自评分＋小组得分×修正系数＋教师对个人评分。

4. 修正系数 ＝ $\dfrac{\text{个人小组自评得分}}{\text{小组自评平均分}}$ × 小组互评平均分。

5. 个人得分超过 20 分,以 20 分记载,最低以 0 分记载。

6. 小组自评分由小组长汇总计算个人平均。

7. 个人最后得分由课代表或班委汇总记录。

8. 以上评价均是针对前面的课堂任务或讨论,课程教师也可自行设计任务或讨论的问题。

四、课堂测试

满分 10 分,以仿真操作练习成绩进行折算。

（仿真成绩截图）

五、总结反思

根据评价结果，总结经验，反思不足。

课后任务

预习固定床反应器操作常见异常现象与处理。

学习任务 4　固定床反应器操作常见异常现象与处理

任务描述

学习以 C2 为主混合烃催化加氢脱乙炔固定床反应器操作的常见异常现象、原因分析及处理方法。

(1)叙述以 C2 为主混合烃催化加氢脱乙炔固定床反应器操作的常见异常现象；

(2)练习根据异常现象分析判断故障原因；

(3)练习处理故障。

任务准备

完成本次任务需要具备以下知识：

(1)化工安全知识；

(2)化学反应动力学基础知识；

(3)化工仪表基础知识；

(4)化工单元操作传热知识；

(5)阀门基础知识。

预习测试

知识储备

C2 混合烃催化加氢脱乙炔固定床反应器操作的常见异常现象主要包括工艺参数异常、阀门故障、反应器泄漏、公用工程问题等，分述如下。

4.1　反应器超温

现象：反应器温度超高。

原因：液态丁烷流量小；液态丁烷温度偏高；闪蒸罐通向反应器的管路有堵塞。

处理：增大液态丁烷进出反应器壳层阀门的开度；增加 EH429 冷却水的量；疏通，若不能迅速排除则停车处理。

4.2　氢气进料阀卡顿

现象：氢气量无法自动调节。

原因：FIC1427 卡在 20％处。

处理：

(1)降低 EH429 冷却水的量。

(2)用旁路阀 KXV1404 手工调节氢气量。

固定床事故 1

4.3　原料气预热器 EH424 阀卡顿

现象：换热器出口温度超高。

原因：TIC1466 卡在 70％处。

处理：

(1)增加 EH429 冷却水的量。

(2)减少配氢量。

固定床事故 2

4.4　闪蒸罐压力调节阀卡顿

现象：闪蒸罐压力、温度超高。

原因：PIC1426 卡在 20％处。

处理：

(1)增加 EH429 冷却水的量。

(2)用旁路阀 KXV1434 手工调节。

固定床事故 3

4.5　反应器漏气

现象：反应器压力迅速降低。

原因：反应器漏气，KXV1414 卡在 50％处。

处理：立即停车。

4.6　EH429 冷却水停止

现象：闪蒸罐压力、温度超高。

原因：EH429 冷却水供应停止。

处理：反应降量，若冷却水供应不能短时间恢复则停车。

一、任务分组

学生分组表

班级		组号		指导教师	
组长		学习任务		固定床反应器操作异常现象与处理	
序号	姓名/小组		学号	任务分配	
1					
2					
3					
4					
5					
6					

二、任务实施

1.C2混合烃催化加氢脱乙炔操作异常现象处理。（仿真操作练习）

2.C2混合烃催化加氢脱乙炔生产异常现象的类型判断经验总结及分享。

三、任务评价

任务评价表

评价类别	姓名	评价项目及标准				小计
		任务完成情况（0～3分），认真对待、全部完成、质量高得3分，其余酌情扣分	书写状况（0～2分）：书写工整、漂亮得2分，其余酌情扣分	参与讨论情况（0～2分）：积极讨论，认真思考得2分，其余酌情扣分	承担课堂汇报或展示情况（2～3分，主动承担汇报或展示得3分，指定承担2分）	
小组自评（评价小组内的其他成员，满分10分）						
小组互评（组长汇总评价其他小组，满分10分）	组别	课堂汇报或展示完成情况				小计
		未完成汇报或展示计0分	完成汇报或展示计3分	声音洪亮、表达清晰、内容熟悉、落落大方得4分，其余酌情扣分（1～4分）	回答问题情况：认真对待提问，回答正确，语言组织好得3分，其余酌情扣分（0～3分）	
教师评价（小组成员加、扣分同时计入个人得分，最高5分，最低－5分）	组别	扣分（小组成员讲话、打瞌睡、玩手机或做其他与课堂环节无关的事计－5～－2分）		加分（主动提问、积极回答问题等计2～5分）		小计

说明：

1. 以 4～6 人为一组，人数不宜太多。

2. 小组得分＝小组互评平均分＋教师对小组评分。

3. 个人最后得分＝小组自评分＋小组得分×修正系数＋教师对个人评分。

4. 修正系数 $= \dfrac{\text{个人小组自评得分}}{\text{小组自评平均分}} \times$ 小组互评平均分。

5. 个人得分超过 20 分，以 20 分记载，最低以 0 分记载。

6. 小组自评分由小组长汇总计算个人平均。

7. 个人最后得分由课代表或班委汇总记录。

8. 以上评价均是针对前面的课堂任务或讨论，课程教师也可自行设计任务或讨论的问题。

四、课堂测试

满分 10 分，以仿真操作练习成绩进行折算。

（仿真成绩截图）

五、总结反思

根据评价结果，总结经验，反思不足。

课后任务

预习固定床反应器日常维护与检修。

学习任务 5 固定床反应器日常维护与检修

学习固定床反应器催化剂再生、卸出和装填等操作。

(1)叙述催化剂再生方法;

(2)练习催化剂卸出操作;

(3)练习催化剂装填操作。

完成本次任务需要具备以下知识:

(1)固体催化剂基础知识;

(2)催化剂再生知识;

(3)催化剂卸出知识;

(4)催化剂装填知识;

(5)常用工器具使用知识;

(6)化工腐蚀防腐知识。

预习测试

5.1 固定床反应器的日常维护

(1)定时检查人孔、阀门、法兰等密封点。

(2)定时检查压力表、消防蒸气管线、表面热电偶等安全设施是否灵活好用。

(3)严格执行各项工艺指标,严禁设备超温、超压、超负荷。

固定床反应器的
日常维护和检修

(4)反应器开工应严格遵守有关的操作规程,严格控制反应器投料前的升温速度和投料时的温度,平稳操作。

(5)定时检查冷壁反应器器壁温度,若变色漆变色,要立即测出变色部位温度,并对该部位监护,根据情况处理。

5.2 固定床反应器常见故障及处理

固定床反应器常见故障及处理见表 3.5-1。

表 3.5-1 固定床反应器常见故障及处理

序号	故障现象	故障原因	处理方法
1	密封泄漏	①密封面安装受力不均匀或法兰面平行度不合要求；②密封面存在缺陷或异物；③密封垫材料或热处理不符合设计规定；④紧固件锈蚀或疲劳	①按规定卸压紧固或重新安装；②研磨密封面，消除缺陷或异物；③更换垫片；④更换紧固件
2	冷壁反应器器壁超温	内衬开裂、脱落	低于 250 ℃可进行蒸气喷吹降温，高于 250 ℃停止设备运行，进行内衬修复
3	外壳腐蚀	防腐效果不好	重新防腐

5.3 固定床反应器的气密试验与验收

5.3.1 气密试验

(1)反应器气密试验前设备的检查。反应器的施工及验收除应严格按固定床反应器的相关检修及验收规程进行外，在试验前还应再次由有关部门、生产单位和检修单位共同进行预验收检查，确认所有的检修工作已完成。

(2)气密试验及要求。气密试验时，应严格按有关操作规程要求进行逐级升压检查，应无泄漏。

5.3.2 验收

验收条件：试运行一周，各项指标达到技术要求，或能满足生产要求。

反应器检修完毕后，应提交下列技术资料：

(1)设计变更及材料代用通知单，材质及零部件合格证；

(2)隐蔽工程记录；

(3)隔热内衬施工记录；

(4)无损检测报告(包括焊缝和螺栓)；

(5)检修记录；

(6)试验报告。

5.4 催化剂的维护操作

由于现代化工生产 90% 以上都有催化剂参与，气-固相反应中，固体物料为催化剂的情形非常普遍。催化剂使用一段时间之后，活性会逐渐下降，不仅降低反应速率，影响反应选择性，甚至不满足工业生产要求，因此，需要对催化剂进行再生或卸出更换，重新装填。催化剂维护操作是反应器维护的重要构成部分，本节着重介绍有关催化剂的操作。

5.4.1 催化剂的再生

催化剂的再生是在催化活性下降后，通过适当的处理使其活性得到恢复的操作。因此，再生对于延长催化剂寿命、降低生产成本是一种重要的手段。催化剂能否再生及其再生的方法，要根据催化剂失活的原因来决定，在工业上对于可逆中毒的情况可以再生。对于催化工业中的积碳现象，由于只是一种简单的物理覆盖，并不破坏催化剂的活性表面结构，只要把碳烧掉就可以再生。总之，催化剂的再生是针对催化剂的暂时性中毒或物理中毒，如微孔结构堵塞等，如果催化剂受到毒物的永久中毒或结构毒化，就难以进行再生。

工业上常用的再生方法有以下几种：

（1）蒸气处理。如轻油水蒸气转化制合成气的镍基催化剂，当处理积碳现象时，用加大水蒸气比或停止加油，单独使用水蒸气吹洗催化剂床层，直至所有的积碳全部清除为止。其反应式如下：

$$C + 2H_2O \Longrightarrow CO + 2H_2$$

对于中温一氧化碳变换催化剂，当气体中含有 H_2S 时，活性组分 Fe_3O_4 要与 H_2S 反应生成 FeS，使催化剂受到一定的毒害作用。其反应式如下：

$$Fe_3O_4 + 3H_2S + H_2 \Longrightarrow 3FeS + 4H_2O$$

由此可见，加大蒸气量有利于反应向着生成 Fe_3O_4 的方向移动。因此，工业上常用加大原料气中水蒸气的比例，使受硫毒害的变换催化制得以再生。

（2）空气处理。当催化剂表面吸附碳或碳氢化合物，阻塞了微孔结构时，可通入空气进行燃烧或氧化，使催化剂表面的碳及类焦状化合物与氧反应，将碳转化成二氧化碳放出。例如，原油加氢脱硫用的钴钼或铁钼催化剂，当吸附了上述物质时活性显著下降，常用通入空气的办法把这些物质烧尽，这样催化剂就可继续使用。

（3）通入氢气或不含毒物的还原性气体。如合成氨使用的熔铁催化剂，当原料气中含氧或氧的化合物浓度过高受到毒害时，可停止通入该气体，而改用合格的 $N_2 - H_2$ 混合气体进行处理，催化剂可获得再生。有时用加氢的方法，也是除去催化剂中含焦油状物质的一种有效途径。

（4）用酸或碱溶液处理。如加氢用的骨架镍催化剂被毒化后，通常采用酸或碱，以除去毒物。

催化剂经再生后，一些可以恢复到原来的活性，但也受到再生次数的制约。如用烧焦的方法再生，催化剂在高温的反复作用下，其活性结构也会发生变化。因结构毒化而失活的催化剂，一般不容易恢复到毒化前的结构和活性。如合成氨的熔铁催化剂，如果被含氧化合物多次毒化和再生，则 $\alpha-Fe$ 的微晶由于多次氧化还原，晶粒长大，使结构受到破坏，即使用纯净的 N_2-H_2 混合气也不能使催化剂恢复到原来的活性。因此，催化剂再生次数也受到一定的限制。

催化剂再生的操作，可以在固定床、移动床或流化床中进行。再生操作方式取决于许多因素，但首要的是取决于催化剂活性下降的速率。一般来说，当催化剂的活性下降比较缓慢，可允许数月或一年再生时，可采用设备投资少、操作容易的固定床再生。但对于反应周期短，需要进行频繁再生的催化剂，最好采用移动床或流化床连续再生。例如，催化裂化反应装置就是一个典型的例子。该催化剂使用几秒后就会产生严重的积碳，在这种情况下，工业上只能采用连续烧焦的方法来清除，即在一个流化床反应器中进行催化反应，随即气固分离，连续地将已积碳的催化剂送入另一个流化床再生器，在再生器中通入空气，用烧焦方法进行连续再生。最佳的再生条件，应以催化剂在再生中的烧结最小为准。显然，这种再生方法设备投资多，操作复杂，但连续再生的方法可使催化剂始终保持新鲜的表面，提供了催化剂充分发挥催化效能的条件。

5.4.2　催化剂的卸出

催化剂在使用过程中性能逐渐衰退，当达不到生产工艺的要求准备卸出时，应做好充分的准备工作，制订详细的停工卸出方案。除包括正常的降温、钝化内容外，还要安排废催化剂的取样工作，以便收集资料，帮助分析失活原因，同时安排好物资的供应工作。

在废催化剂卸出前，一般采用氮气或蒸气将催化剂降至常温。有时为加快卸出速度，也可采用喷水降温法卸出。

列管式转化炉或其他特殊炉型、特殊反应器催化剂的卸出，常配置专用工具。

下面以大型合成氨装置所用列管式固定床反应器（合成氨装置一段转化炉）为例，说明催化剂的装卸操作过程。

（1）催化剂管底带有法兰。在拆除法兰、抽取催化剂支座后，即可方便地卸出催化剂。当有催化剂黏结时，需要用木榔头或皮面锤子锤打催化剂管。管底应事先装好布袋，以便卸出的催化剂流入回收桶。

（2）催化剂管顶带有法兰。拆除顶部法兰、拉出分布器后，用真空装置抽吸催化剂，被吸出的催化剂进入旋风分离器后回收。

5.4.3　催化剂的装填

催化剂的装填是非常重要的工作，装填的好坏对催化剂床层气流的均匀分布以降低床层的阻力、有效发挥催化剂的效能有着重要的作用。催化剂在装入反应器之前先要过筛，因为运输中所产生的碎末细粉会增加床层阻力，甚至被气流带出反应

催化剂装填

器，阻塞管道阀门。在装填之前要认真检查催化剂支撑算条或金属支网的状况，因为这方面的缺陷在装填之后很难矫正。

在装填固定床宽床层反应器时，要注意两个问题：一是要避免催化剂从高处落下造成破损；二是在装填床层时一定要分布均匀。忽视了这两个问题，如果在装填时造成严重破碎或出现不均匀的情况，形成反应器断面各部分颗粒大小不均，小颗粒或粉尘集中的地方空隙率小、阻力大，大颗粒集中的地方空隙率大、阻力小，气体必然更多地从空隙率大、阻力小的地方通过，由于气体分布不均影响了催化剂的利用率。理想的装填通常是采用装有加料斗的布袋，加料斗架于人孔外面，当布袋装满催化剂时，便缓缓提起，使催化剂有控制地流进反应器，并不断地移动布袋，以防止总是卸在同一地点。在移动时要避免布袋的扭结，催化剂装进一层布袋就要缩短一段，直至最后将催化剂装满为止。也可使用金属管代替布袋，这样更易于控制方向，更适合于装填像合成氨那样密度较大、磨损作用较严重的催化剂。另一种装填方法叫作绳斗法。料斗的底部装有活动的开口，上部有双绳装置，一根绳子吊起料斗，另一根绳子控制下部的开口，当料斗装满催化剂后，吊绳向下传送，使料斗到达反应器的底部，然后放松另一根绳子，使活动开口松开，催化剂即从斗内流出。另外，装填这一类反应器也可用人工将一小桶或一塑料袋的催化剂逐一递进反应器内，再小心倒出并分散均匀。催化剂装填好后，在催化剂床顶要安放固定栅条或一层重的惰性物质，以防止由高速气体引起催化剂的移动。

对于列管式固定床反应器，有的从管口到管底可高达 10 m。当催化剂装于管内时，催化剂不能直接从高处落下加到管中，这时不仅会造成催化剂的大量破碎，而且容易形成"桥接"现象，使床层造成空洞，出现沟流，不利于催化反应，严重时还会造成管壁过热，因此装填要特别小心。管内装填的方法由可利用的入口而定，可采用"布袋法"或"多节杆法"。前者是在一个细长布袋内（直径比管子直径略小）装入催化剂，布袋顶端系一根绳子，底端折起 300 mm 左右，将折叠处朝下放入管内，当布袋落于管底时轻轻地抖动绳子，折叠处在袋内催化剂的冲击下自行打开，催化剂便慢慢地堆放到管中。后者则是采用多节杆来顶住管底支持催化剂的算条板，然后将其推举到管顶，倒入催化剂，抽去短杆，使算条慢慢地落下，催化剂不断地加入，直到算条落到原来管底的位置。以上是管式催化床中催化剂装填目前常用的方法，其中尤以"布袋法"更为普遍。

为了检查每根管子的装填量是否一致，催化剂在装填前应先称重。为了防止"桥接"现象，在装填过程中对管子应定时地振动。装填后催化剂的料面应仔细地测量，以确保设备在操作条件下管子的全部加热长度均有催化剂。最后，对每根装有催化剂的管子应进行阻力降的测定，控制每根管子阻力降相对误差在一定的范围内，以保证在生产运行中各根管子气体量分配均匀。

下面以列管式固定床反应器（合成氨装置一段转化炉）催化剂的装填为例，介绍催化剂装填操作。

(1)装填前的准备。

新催化剂质量标准：通过分析检验确认新催化剂的成分、结构和强度等物化性质均符合设计要求，筛选、分拣以保证催化剂颗粒完整、干燥、无污染。

用特制布袋包装新催化剂，每袋约 6 kg，装袋时应小心谨慎，装好的布袋应小心堆放和搬运，防止催化剂破碎和潮解；用布袋包装氧化铝球，每袋 2 kg；按要求准备炉管阻力测量设备和振荡器；准备测量标尺。

用手电筒探照炉管内壁，确认管底支承格栅完好，无异物堵塞，管内壁整洁干净。

用阻力测量设备测量每根空炉管的阻力降，确认每根炉管空管阻力一致。阻力测量方法：将阻力测量管用胶管连接于服务空气管上，用阀门控制空气流量，使孔板前压力表指示为 0.3 MPa，这样空气流量就固定了，孔板后压力表的指示值就代表炉管的阻力。

(2)装填操作。

每根炉管管底装填 1 袋氧化铝球，约 20 mm 高。氧化铝球的作用是防止催化剂的破碎物堵塞管底支承格栅，防止气流受阻和气流不均匀。每根炉管都分成 3 段装填，每段装 6 袋催化剂。每段装完 6 袋后，用振荡器在炉顶振荡 45 s。

第一段振荡完成后再装第二段，振荡 45 s；再装第三段，再振荡 45 s；最后再在上面补充 1~2 袋，每根管装填 19~20 袋，催化剂层顶部距离管口法兰约 700 mm 高。全部装完或装完一组后，即开始测量每根实管阻力，测量方法同空管阻力测量方法，并做好阻力测量记录。取炉管阻力的平均值，确认每根炉管的阻力与平均阻力之差不大于 5%。重复上述操作，根据情况判断是否要抽出、回收、重装，直至达到预定要求。

确认每根炉管装填符合要求后，在每根炉管内装入 1 袋氧化铝球，氧化铝球顶部距离管口约 500 mm。放入气体分布器，将管法兰与炉管法兰对合。

(3)装填注意事项。

装填过程中应严防各种杂物掉入管内，装填人员应禁止将不必要的杂物带至装填现场。如有杂物掉入，则应设法将其取出。

装填过程中应防止催化剂破碎。实管阻力的测量是装填过程十分关键的一步，应保证所有炉管阻力与阻力平均值之差不大于 5%。因为阻力不同，意味着催化剂装填的松紧不同，催化剂过于密实或出现桥接、空洞现象，将导致炉管间气体分配不均匀，管壁温度不同，从而出现炉管超温，降低炉管寿命。

装填完成后，应用测量标尺逐管测量，以防漏装。装填完成后用皮盖封住管口法兰，以防其他作业人员将异物掉入炉管内。

一、任务分组

学生分组表

班级		组号		指导教师	
组长		学习任务		固定床反应器日常维护与检修	
序号	姓名/小组		学号		任务分配
1					
2					
3					
4					
5					
6					

二、任务实施

任务一

1. 什么是催化剂的活性？导致催化剂失活的原因有哪些？

2. 有些催化剂使用前需要活化，为什么？如何进行活化操作，试举例说明。

任务二

1. 什么是催化剂的钝化？反应器停车都要进行催化剂钝化操作吗？为什么？

2. 催化剂使用中有哪些注意事项？

三、任务评价

任务评价表

评价类别	姓名	评价项目及标准				小计
		任务完成情况（0～3分），认真对待、全部完成、质量高得3分，其余酌情扣分	书写状况(0～2分)：书写工整、漂亮得2分，其余酌情扣分	参与讨论情况(0～2分)：积极讨论，认真思考得2分，其余酌情扣分	承担课堂汇报或展示情况(2～3分，主动承担汇报或展示得3分，指定承担2分)	
小组自评（评价小组内的其他成员，满分10分）						
小组互评（组长汇总评价其他小组，满分10分）	组别	课堂汇报或展示完成情况				小计
		未完成汇报或展示计0分	完成汇报或展示计3分	声音洪亮、表达清晰、内容熟悉、落落大方得4分，其余酌情扣分（1～4分）	回答问题情况：认真对待提问，回答正确，语言组织好得3分，其余酌情扣分（0～3分）	
教师评价（小组成员加、扣分同时计入个人得分，最高5分，最低－5分）	组别	扣分(小组成员讲话、打瞌睡、玩手机或做其他与课堂环节无关的事计－5～－2分)		加分(主动提问、积极回答问题等计2～5分)		小计

说明：

1. 以 4～6 人为一组，人数不宜太多。

2. 小组得分＝小组互评平均分＋教师对小组评分。

3. 个人最后得分＝小组自评分＋小组得分×修正系数＋教师对个人评分。

4. 修正系数＝$\dfrac{\text{个人小组自评得分}}{\text{小组自评平均分}}$×小组互评平均分。

5. 个人得分超过 20 分，以 20 分记载，最低以 0 分记载。

6. 小组自评分由小组长汇总计算个人平均。

7. 个人最后得分由课代表或班委汇总记录。

8. 以上评价均是针对前面的课堂任务或讨论，课程教师也可自行设计任务或讨论的问题。

四、课堂测试

满分 10 分，扫码完成课堂测试。

课堂测试

（课堂测试成绩截图）

五、总结反思

根据评价结果，总结经验，反思不足。

课后任务

复习本模块，准备测试。

单元测试

模块 4
流化床反应器操作与控制

◄◄◄◄◄◄ ▬▬▬▬▬▬▬▬▬▬▬▬ ■

模块描述

在固体物料加工和气—固相催化反应中，使颗粒物料具有类似于流体的性质，实现生产的连续性和颗粒的循环利用以提高生产效率是化工生产的重要课题。流化床反应器广泛应用于化工、炼油、冶金等部门，掌握流化床反应器的相关知识和技能对于高职应用化学专业的学生提升职业能力适应就业需求具有非常重要的现实意义。

本模块依据《化工总控工国家职业标准》中级工职业标准"化工装置总控操作——开车操作、运行操作和停车操作"要求的知识点和技能点，通过"学习任务 1 认识流化床反应器、学习任务 2 流化床反应器开车操作、学习任务 3 流化床反应器停车操作、学习任务 4 流化床反应器操作常见异常现象与处理、学习任务 5 流化床反应器日常维护与检修"学习训练，使学生具备比较熟练操作和控制流化床反应器的能力。

模块分析

催化剂粒度不同，气体流速不同，气—固两相的接触形态和热质传递的效率也不同。反之，反应体系的特点和工艺要求不同，对反应器内的温度分布、浓度分布的要求也不同，因而反应器的结构应随之不同。因此，学习流化床反应器的操作和控制首先应了解其结构组成和作用。由于反应器操作和控制的主要内容包括反应器开车、停车操作，故障的分析和处理，日常维护和检修等实践内容。为了让学习者在实际操作中学习知识，培养技能，积累经验，选择以真实的化工产品生产过程为背景开发的仿真平台，结合真实反应设备或模型，按照认识事物的规律和工作过程的顺序组织学习任务，使学习者在实训现场和仿真操作中学习，提高参数的控制和调节水平，达到本模块的学习目标。

学习目标

知识目标：

1. 了解流化床反应器的分类和工业应用。

2. 熟悉流化床反应器的结构、主要构成和作用。

3. 熟悉流化床反应器不正常操作现象及产生原因。

4. 了解流化床反应器内的传热和传质过程。

能力目标：

1. 能绘制流化床反应器外形结构简图。

2. 能叙述流化床反应器的结构构成和作用。

3. 能进行流化床反应器的开车、停车操作。

4. 能对流化床操作过程中的异常现象进行分析、判断和处理。

5. 能对流化床反应器进行简单的日常维护和检修。

素质目标：

1. 培养安全生产意识、环境保护意识、节能意识、成本意识。

2. 树立规范操作意识、劳动纪律和职业卫生意识。

3. 具备资料查阅、信息检索和加工整理等自主学习能力。

4. 具有沟通交流能力、团队意识和协作精神。

5. 培养发现、分析和解决问题的能力。

6. 培养克服困难的勇气和精益求精的工匠精神。

学习任务 1　认识流化床反应器

任务描述

学习流化床反应器的工业应用、分类、结构组成及作用等。

(1)叙述流化床反应器的外形结构特点；

(2)叙述流化床反应器的结构组成及各部分的作用；

(3)绘制流化床反应器的结构简图。

任务准备

完成本次任务需要具备以下知识：

(1)固体流态化基础知识；

(2)化工单元操作热质传递知识；

(3)化学反应器分类知识；

(4)反应器内流体流动模型知识。

预习测试

知识储备

1.1　流化床反应器在化工生产中的应用

将大量固体颗粒悬浮于运动的流体(气体或液体)之中，从而使颗粒具有流体的某些表观特征，这种流固接触状态称为固体流态化。应用固体流态化技术，使流体与固体颗粒进行接触和反应的床层设备，称为流化床反应器。其中的固体颗粒可能是反应物料，也可能是供反应流体之间充分接触并反应的催化剂。流化床反应器广泛应用于化工、石油、冶金和核工业中，如德士古水煤浆气流床汽化、石油催化裂化、丙烯氨氧化制丙烯腈，以及硫铁矿沸腾焙烧等生产过程，都是应用流化床作为反应设备。

流化床反应器的
工业应用

流态化基本原理

1.2　流化床反应器的类型与结构

　　流化床的结构形式较多，可按不同的标准进行分类。根据外形结构，可分为圆筒形和圆锥形流化床；根据床层内是否设置内部构件，可分为限制床和自由床；根据固体颗粒是否循环，可分为双器流化床和单器流化床。无论何种结构形式，流化床反应器一般都由结构主体、气体分布装置、内部构件、换热装置、气固分离装置等部分构成。图 4.1-1 所示为具有代表性的带挡板的单器流化床结构。这里以此种流化床为例，详细介绍流化床反应器的结构。

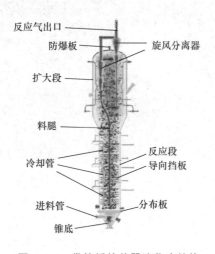

图 4.1-1　带挡板的单器流化床结构

　　(1)流化床反应器主体。流化床反应器主体(图 4.1-2)是指由金属材料和衬里围成的用于流—固相接触、反应和颗粒回收的物理轮廓与内部空间。按床层中的颗粒浓度大小可分为浓相段(有效体积)和稀相段(分离段)，反应器主体底部设有锥底，有些流化床的上部还设有扩大段，因流通截面增大，气体对颗粒向上的曳力降低，有利于增强固体颗粒的沉降。

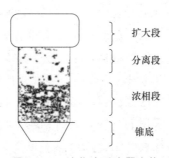

图 4.1-2　流化床反应器主体

(2)气体分布装置。气体分布装置是指设置在流化床锥形底部，使气体均匀分布，以形成良好的初始流化条件的物理构件。其包括气体预分布器和气体分布板或气体分布管两部分，如图4.1-3所示。气体分布板同时还起到支承固体催化剂颗粒的作用。

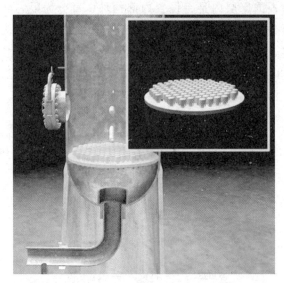

图4.1-3 流化床反应器气体分布装置

(3)内部构件。内部构件是指用来破碎气体在床层中产生的大气泡、增大气固相间的接触机会、减少返混，从而增加反应速率和提高转化率的物理设施，包括挡网、挡板和填充物等。旋风分离器的料腿，设置在流化床内部的换热装置，也能起到内部构件的作用。内部构件一般设置在浓相段。在气流速率较低、催化反应对于产品要求不高时，可以不设置内部构件。

(4)换热装置。换热装置的作用是用来取出或供给反应所需的热量，以维持反应器温度稳定、均匀。由于流化床反应器的传热速率远远高于固定床反应器，因此同样的反应所需的换热装置要比固定床反应器小得多。根据换热面积(或换热负荷)需要，可采用外夹套换热器、内管换热器，也可采用电感加热。

常见流化床反应器换热器如图4.1-4所示。列管式换热器是将换热管垂直放置在床层内浓相或床面上稀相的区域中。常用的换热器有单管式和套管式两种，根据传热面积的大小排成一圈或几圈。鼠笼式换热器由多根直立支管与汇集横管焊接而成，这种换热器可以安排较大的传热面积，但焊缝较多。管束式换热器可分为直列和横列两种，但横列的管束式换热器常用于流化质量要求不高而换热量很大的场合，如沸腾燃烧锅炉等。U形管式换热器是经常采用的种类，具有结构简单、不易变形和损坏、催化剂寿命长、温度控制十分平稳的优点。蛇管式换热器也具有结构简单、不存在热补偿问题的优点，但也存在与横列管束式换热器相类似的问题，即换热效果差，对床层流态化质量有一定的影响。

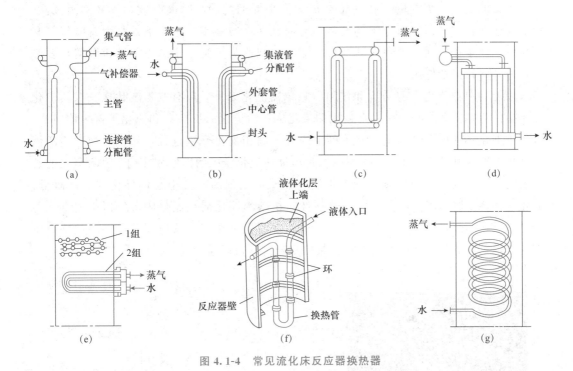

图 4.1-4　常见流化床反应器换热器

(a)单管式；(b)套管式；(c)鼠笼式；(d)直列管束式；(e)横列管束式；(f)U形管式；(g)蛇管式

(5)气固分离装置。由于流化床内的固体颗粒不断地运动，引起粒子之间和粒子与器壁之间的碰撞而磨损，使上升气流中带有细粒和粉尘。气固分离装置的作用就是用来回收这部分细粒，使其返回床层，减少颗粒带出损失，并避免带出的粉尘影响产品纯度。常用的气固分离装置有旋风分离器和过滤管。

旋风分离器是一种靠离心作用把固体颗粒和气体分开的装置，其结构如图 4.1-5 所示。含有催化剂颗粒的气体由进气管沿切线方向进入旋风分离器内，在旋风分离器内做回旋运动而产生离心力，催化剂颗粒在离心力的作用下被抛向器壁，与器壁相撞后，借重力沉降到锥底，而气体则由上部排气管排出。为了加强分离效果，有些流化床反应器将三个旋风分离器串联使用，催化剂按大小不同的颗粒先后沉降至各级分离器锥底。

旋风分离器分离出来的催化剂靠自身重力通过料腿或下降管回到床层，此时料腿出料口易发生串气而造成短路，使旋风分离器失去作用。因此，在料腿中加密封装置，可防止气体进入。密封装置种类很多，如双锥堵头和翼阀。

双锥堵头是靠催化剂本身的堆积防止气体窜入，当堆积到一定高度时，催化剂就能沿堵头斜面流出。第一级料腿用双锥堵头密封，第二级和第三级料腿出口常用翼阀密封。翼阀内装有活动挡板，当料腿中积存的催化剂的重量超过翼阀对出料口的压力时，此活动板便打开，催化剂自动下落。料腿中催化剂下落后，活动挡板又恢复原样，密封料腿的出口。翼阀的动作在正常情况下是周期性的，时断时续，故又称断续阀。也有采用在密封头部送入外加的气流，有时甚至在料腿上、中、下处都装有吹气管和测压口，以掌握料面位置和保证细粒畅通。料腿密封装置是生产中的关键装置，要经常检修，保持灵活好用。

以上为单器流化床的结构和作用。除单器流化床外，还有双器流化床。双器流化床是指催化剂需要进行再生循环使用的流化床，由流化床反应器和流化床再生器组成，多用于催化剂使用寿命较短、容易再生的气—固相催化反应过程，如石油加工中的催化裂化装置，其结构如图 4.1-6 所示。重质油在流化床中的硅铝催化剂上进行吸热的裂化反应，同时发生结焦生碳反应，焦炭覆盖了催化剂的活性中心使催化剂活性降低，裂化选择性下降，因而需要再生恢复活性。积碳的催化剂在流化床再生器中用空气与碳进行放热的烧焦反应，再生后的高温催化剂将燃烧热带入反应器，提供裂化反应所需的热量，既满足了热平衡的要求，又使生产过程得以连续进行。

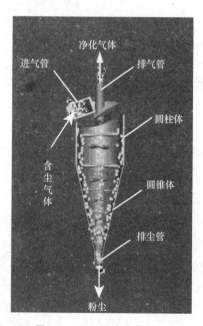

图 4.1-5　旋风分离器结构

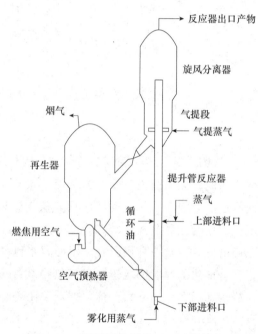

图 4.1-6　石油催化裂化反—再装置结构

一、任务分组

学生分组表

班级		组号		指导教师	
组长		学习任务		认识流化床反应器	
序号	姓名／小组		学号	任务分配	
1					
2					
3					
4					
5					
6					

二、任务实施

任务一

1. 识读下面流化床反应器结构简图，指出流化床反应器结构组成和作用。

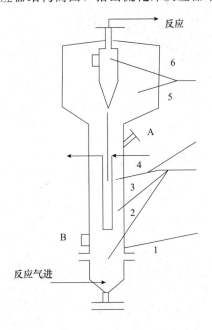

2. 流化床反应器适用于什么样的反应过程？试从反应特点、工艺要求、催化剂性质等方面进行分析。

任务二

1. 绘制带挡板的单器流化床反应器外形结构简图，并注明各部分名称。

2. 查阅资料，了解流化床反应器的发展趋势，撰写书面报告。

三、任务评价

任务评价表

评价类别	姓名	评价项目及标准				小计
		任务完成情况（0~3分），认真对待、全部完成、质量高得3分，其余酌情扣分	书写状况（0~2分）：书写工整、漂亮得2分，其余酌情扣分	参与讨论情况（0~2分）：积极讨论，认真思考得2分，其余酌情扣分	承担课堂汇报或展示情况（2~3分，主动承担汇报或展示得3分，指定承担2分）	
小组自评（评价小组内的其他成员，满分10分）						
	组别	课堂汇报或展示完成情况				小计
小组互评（组长汇总评价其他小组，满分10分）		未完成汇报或展示计0分	完成汇报或展示计3分	声音洪亮、表达清晰、内容熟悉、落落大方得4分，其余酌情扣分（1~4分）	回答问题情况：认真对待提问，回答正确，语言组织好得3分，其余酌情扣分（0~3分）	
教师评价（小组成员加、扣分同时计入个人得分，最高5分，最低-5分）	组别	扣分（小组成员讲话、打瞌睡、玩手机或做其他与课堂环节无关的事计-5~-2分）		加分（主动提问、积极回答问题等计2~5分）		小计

说明：

1. 以 4～6 人为一组，人数不宜太多。

2. 小组得分＝小组互评平均分＋教师对小组评分。

3. 个人最后得分＝小组自评分＋小组得分×修正系数＋教师对个人评分。

4. 修正系数＝$\dfrac{\text{个人小组自评得分}}{\text{小组自评平均分}}$×小组互评平均分。

5. 个人得分超过 20 分，以 20 分记载，最低以 0 分记载。

6. 小组自评分由小组长汇总计算个人平均。

7. 个人最后得分由课代表或班委汇总记录。

8. 以上评价均是针对前面的课堂任务或讨论，课程教师也可自行设计任务或讨论的问题。

四、课堂测试

满分 10 分，扫码完成课堂测试。

课堂测试

（课堂测试成绩截图）

五、总结反思

根据评价结果，总结经验，反思不足。

课后任务

预习流化床反应器开车操作。

学习任务2　流化床反应器开车操作

学习流化床反应器充压、置换和开车操作等。

(1)叙述乙丙共聚生产高抗冲击共聚物的基本原理、主要设备和工艺参数;

(2)叙述和绘制乙丙共聚的工艺流程;

(3)完成流化床反应器的开车操作;

(4)控制反应过程中的重要工艺参数。

完成本次任务需要具备以下知识:

(1)乙丙共聚生产高抗冲击共聚物的生产原理知识和工艺流程知识;

(2)化学反应动力学基础知识;

(3)乙丙共聚生产高抗冲击共聚物的工艺流程知识;

(4)化工安全知识;

(5)化工单元操作知识;

(6)离心泵、压缩机等动力设备操作知识。

预习测试

2.1　流化床反应器开车操作的项目背景

以乙烯和丙烯为原料,以具有剩余活性的干均聚物(聚丙烯)为引发剂,在流化床反应器中生产高抗冲击共聚物。为满足加工需要,将氢气加到乙烯进料管中,以改进聚合物的本征黏度。本学习任务取材于 HIMONT 工艺本体聚合装置。

2.1.1　乙丙共聚生产高抗冲击共聚物的基本原理

乙烯和丙烯的共聚反应式如下:

$$n\mathrm{C_2H_4} + n\mathrm{C_3H_6} \longrightarrow (\mathrm{C_2H_4 - C_3H_6})_n$$

反应条件:温度 70 ℃、压力 1.35 MPa。

该反应是体积缩小的放热反应过程，随着聚合度增大，产物黏度逐渐增大，逐渐产生固体物质，因而也是气－固非均相反应。

2.1.2 乙丙共聚生产高抗冲击共聚物的工艺流程

流化床乙丙共聚的工艺流程如图 4.2-1 所示。来自乙烯气提塔顶部 T402 的回收气相与反应器 R401 出口的循环单体汇合，经压缩机 C401 增压之后，与补充的氢气、乙烯和丙烯混合，通过一个特殊设计的栅板进入流化床反应器的下部。具有剩余活性的干均聚物（聚丙烯），在压差作用下从闪蒸罐 D301 进入流化床反应器的顶部，落在流化床的床层上，引发乙烯和丙烯的聚合反应，聚合物通过反应器下部的出口管引出。

聚合反应的程度由反应器的料位高低决定，通过调节出口管路上的控制阀开度来改变聚合物料在反应器中的停留时间，从而实现对聚合度的控制。为了避免过度聚合的鳞片状产物堆积在反应器壁上，反应器内配置一个转速较慢的刮刀 A401，使反应器壁保持干净。

流化床开车 1

栅板下部夹带的聚合物细末，用一台小型旋风分离器 S401 除去，并送到下游的袋式过滤器中。所有未反应的单体循环返回到流化床压缩机的吸入口。

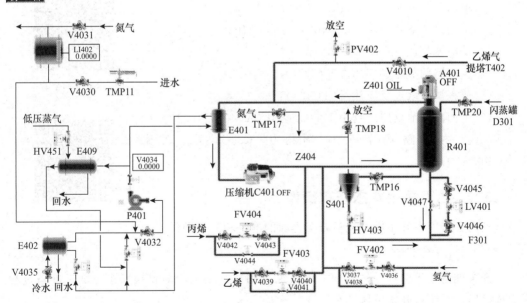

图 4.2-1　流化床乙丙共聚的工艺流程

循环气体组成用工业色谱仪进行分析，调节氢气和丙烯的补充量，以保证反应器的进料气体符合工艺组成要求和黏度要求。

流化床反应器的温度控制：用脱盐水作为冷却介质，用一台立式列管式换热器 E401 将聚合反应热移出，该热交换置于循环气体压缩机之前。

聚合反应的压力控制在大约 1.4 MPa(表)，使之介于闪蒸罐压力和袋式过滤器压力之间，以便在整个聚合物管路中形成一定压力梯度，避免容器间物料的返混并使聚合物向前流动。

2.1.3 乙丙共聚生产高抗冲击共聚物的重要设备

(1)R401：流化床反应器。

(2)A401：R401 的刮刀。

(3)C401：R401 循环压缩机。

(4)E401：R401 气体冷却器。

流化床开车 2

(5)E409：夹套水加热器。

(6)P401：开车加热泵。

(7)S401：R401 旋风分离器。

2.1.4 乙丙共聚生产高抗冲击共聚物的重要工艺参数

(1)氢气进料量(FC402)：0.35 kg/h。

(2)乙烯进料量(FC403)：567.0 kg/h。

流化床开车 3

(3)丙烯进料量(FC404)：400.0 kg/h。

(4)单回路调节系统压力(PC402)：1.4 MPa。

(5)主回路调节系统压力(PC403)：1.35 MPa。

(6)反应器料位(LC401)：60%。

(7)主回路调节循环气体温度(TC401)：70 ℃。

流化床开车 4

(8)分程调节取走反应热量(TC451)：50 ℃。

(9)主回路调节反应产物中 H2/C2 之比(AC402)：0.18。

(10)主回路调节反应产物中 C2/C3&C2 之比(AC403)：0.38。

流化床开车 5

2.2　乙丙共聚冷态开车操作

乙丙共聚冷态开车操作包括开车之前的准备和开车操作。

2.2.1　开车准备

开车准备过程包括系统充氮、氮气循环加热、系统乙烯置换三个方面。准备过程完成之后，系统将开始单体开车。

系统充氮、氮气循环、氮气循环加热三个操作过程虽然开始的时间有先后之分，但在实际操作中为了节省时间，蒸气加热开启之后，充氮、循环和加热就同时进行了。基于此，操作步骤也与此相一致。

(1)系统氮气充压、循环、加热(一机一泵，0.1 MPa 启动压缩机，10％液位启动循环水泵)。

1)充氮:打开充氮阀 TMP17,用氮气给反应器系统充压。

2)当氮气充压至 0.1 MPa(表)时,启动压缩机 C401,将导流叶片(HIC402)定在 40%。

3)环管充液:启动压缩机后,开进水阀 V4030,给水罐充液,开氮封阀 V4031。

4)当水罐液位大于 10%时,开泵 P401 入口阀 V4032,启动泵 P401,调节泵出口阀 V4034 至 60%开度。

5)手动开低压蒸气阀 HV451,启动换热器 E409,加热循环氮气。

6)打开循环水阀 V4035。

7)当循环氮气温度达到 70 ℃时,TC451 投自动,调节其设定值,维持氮气温度 TC401 在 70 ℃左右。

8)当反应系统压力达 0.7 MPa 时,关充氮阀。

9)在不停压缩机的情况下,用 PIC402 和排放阀将反应系统泄压至 0.0 MPa(表)。

10)在充氮泄压操作中,不断调节 TC451 设定值,维持 TC401 温度在 70 ℃左右。

(2)乙烯充压。

1)当系统压力降至 0.0 MPa(表)时,关闭排放阀。

2)开 FC403 引乙烯充压,进料量约 567 kg/h 时投自动,设定值为 567.0 kg/h,充压至系统压力为 0.25 MPa(表)。

2.2.2 开车操作

开车操作过程:进料→准备加引发剂(均聚物)→加均聚物→系统调节平稳等。

(1)反应器进料(二五压加氢,五零加丙烯,八零开旋分)。

1)当乙烯充压至 0.25 MPa(表)时,开氢气进料阀 FC402,氢气进料量达 0.102 kg/h 时,FC402 投自动控制。

2)当系统压力升至 0.5 MPa(表)时,开丙烯进料阀 FC404,丙烯进料量达 400 kg/h,FC404 投自动控制。

3)打开自乙烯气提塔来的进料阀 V4010。

4)当系统压力升至 0.8 MPa(表)时,打开旋风分离器 S401 底部阀 HC403 至 20% 开度,维持系统压力缓慢上升。

(2)准备加引发剂(来自 D301 的均聚物)。

1)增大丙烯进料,将 FIC404 改为手动,调节 FV404 为 85%。

2)当 AC402 和 AC403 平稳后,调节 HC403 开度至 25%。

3)启动共聚反应器的刮刀,准备接收从闪蒸罐(D301)来的均聚物。

(3)加入引发剂。

1)确认系统温度 TC451 维持在 70 ℃左右。

2)当系统压力升至 1.2 MPa(表)时,开大 HC403 开度至 40%和 LV401 在 20%～ 25%,以维持流态化。

3)打开来自 D301 的聚合物进料阀。

4)停低压加热蒸气，关闭 HV451。

(4)系统调平。

1)随着 R401 料位的增加，系统温度将升高，及时降低 TC451 的设定值，不断取走反应热，维持 TC401 温度在 70 ℃左右。

2)调节反应系统压力，当压力为 1.35 MPa(表)时，PC402 自动控制。

3)手动开启 LV401 至 30%，让共聚物稳定地流过此阀。

4)当料位达到 60%时，将 LC401 投自动，设定值为 60%。

5)随系统压力的增加，料位将缓慢下降，PC402 调节阀自动开大，为了维持系统压力在 1.35 MPa，缓慢提高 PC402 的设定值至 1.40 MPa(表)。

6)当 LC401 在 60%投自动控制后，调节 TC451 的设定值，待 TC401 稳定在 70 ℃左右时，TC401 与 TC451 串级控制。

7)压力和组成趋于稳定时，将 LC401 和 PC403 投串级。

8)FC404 和 AC403 串级。

9)FC402 和 AC402 串级。

2.3　乙丙共聚流化床反应器开车操作要点

(1)氮气循环，系统预热升温时，蒸气加热阀的开度不宜太大，应防止超温；

(2)系统加入引发剂开始聚合反应之后，由于聚合反应放热，要注意控制反应器温度，防止超温。

2.4　乙丙共聚流化床反应器重要参数控制方法

(1)流化床反应器温度。影响流化床反应器温度的因素有流化床反应器的压力、料位高度和循环冷却水移热量。当流化床压力稳定时，床层温度主要受料位高度和移热量影响。当流化床料位增大，床层温度上升，此时应增大循环冷却水移热量，一般通过降低 TC451 温度实现；反之则升高 TC451 温度，使 TC401 稳定在 70 ℃左右。

(2)流化床料位高度。影响流化床料位的因素有流化床压力、底阀开度。当压力升高，料位将下降；反之，料位则上升。在控制压力稳定的情况下，通过反应器底阀开度控制料位高低。当料位下降时，适当减小底阀开度；反之则增大底阀开度，控制料位高度稳定在 60%。

(3)聚合度的控制。通过控制流化床反应器的压力、温度和料位高度控制聚合度。当流化床的温度和压力稳定时，通过控制料位高度来控制聚合反应时间，从而保证聚合度大小稳定。

(4)物料组成控制。通过分析仪表示数，控制乙烯进料中的氢气组成稳定和乙丙混合气体中乙烯的组成稳定。

一、任务分组

学生分组表

班级		组号		指导教师	
组长		学习任务		流化床反应器开车操作	
序号	姓名/小组		学号	任务分配	
1					
2					
3					
4					
5					
6					

二、任务实施

1. 乙丙共聚生产高抗冲击共聚物开车操作。（仿真操作练习）

2. 流化床乙丙共聚生产高抗冲击共聚物温度、料位、压力控制经验总结及分享。

三、任务评价

任务评价表

评价类别	姓名	评价项目及标准				小计
		任务完成情况（0～3分），认真对待、全部完成、质量高得3分，其余酌情扣分	书写状况（0～2分）：书写工整、漂亮得2分，其余酌情扣分	参与讨论情况（0～2分）：积极讨论，认真思考得2分，其余酌情扣分	承担课堂汇报或展示情况（2～3分，主动承担汇报或展示得3分，指定承担2分）	
小组自评（评价小组内的其他成员，满分10分）						
评价类别	组别	课堂汇报或展示完成情况				小计
小组互评（组长汇总评价其他小组，满分10分）		未完成汇报或展示计0分	完成汇报或展示计3分	声音洪亮、表达清晰、内容熟悉、落落大方得4分，其余酌情扣分（1～4分）	回答问题情况：认真对待提问，回答正确，语言组织好得3分，其余酌情扣分（0～3分）	
教师评价（小组成员加、扣分同时计入个人得分，最高5分，最低－5分）	组别	扣分（小组成员讲话、打瞌睡、玩手机或做其他与课堂环节无关的事计－5～－2分）		加分（主动提问、积极回答问题等计2～5分）		小计

说明：

1. 以 4～6 人为一组，人数不宜太多。

2. 小组得分＝小组互评平均分＋教师对小组评分。

3. 个人最后得分＝小组自评分＋小组得分×修正系数＋教师对个人评分。

4. 修正系数 ＝ $\dfrac{\text{个人小组自评得分}}{\text{小组自评平均分}}$ ×小组互评平均分。

5. 个人得分超过 20 分，以 20 分记载，最低以 0 分记载。

6. 小组自评分由小组长汇总计算个人平均。

7. 个人最后得分由课代表或班委汇总记录。

8. 以上评价均是针对前面的课堂任务或讨论，课程教师也可自行设计任务或讨论的问题。

四、课堂测试

满分 10 分，以仿真操作练习成绩进行折算。

（仿真成绩截图）

五、总结反思

根据评价结果，总结经验，反思不足。

课后任务

预习流化床反应器停车操作。

学习任务3 流化床反应器停车操作

学习流化床反应器的停车操作。

(1)叙述流化床反应器的停车操作步骤；

(2)完成流化床反应器的正常停车操作。

完成本次任务需要具备以下知识：

(1)乙丙共聚生产高抗冲击共聚物的原理知识；

(2)乙丙共聚生产高抗冲击共聚物的生产工艺知识；

(3)乙丙共聚生产高抗冲击共聚物的停车操作步骤；

(4)化工安全知识；

(5)化工节能知识。

预习测试

连续操作的化工装置，经过一段时间的运行后，往往需要停车检修，这种有计划的停车，称为正常停车。生产中有时会遇到突发情况，如水、电、气、风中断或是突然出现的重大设备故障而导致的非计划停车，因情况紧急，需要迅速、果断地进行处理，称为紧急停车。为了应对突发情况，化工企业或重要装置和车间，需要做好事故预案，并定期演练，防止重大事故发生。下面介绍乙丙共聚流化床反应器的正常停车操作。

流化床反应器的停车操作顺序：停止加引发剂(终止反应)→降低反应器料位→切断乙烯进料→切断丙烯、氢气进料→氮气吹扫。

(1)降低反应器料位。

1)关闭催化剂来料阀 TMP20。

2)手动缓慢调节反应器料位。

(2)切断乙烯进料，保压。

1)当反应器料位降至10%，关乙烯进料。

2)当反应器料位降至0，关反应器出口阀。

流化床停车

3)关旋风分离器 S401 上的出口阀。

（3）切断丙烯及氢气进料。

1)手动切断丙烯进料阀。

2)手动切断氢气进料阀。

3)排放导压至火炬。

4)停反应器刮刀 A401。

（4）氮气吹扫。

1)将氮气加入该系统。

2)当压力达 0.35 MPa 时放火炬。

3)停压缩机 C401。

任务实践

一、任务分组

学生分组表

班级		组号		指导教师	
组长		学习任务		流化床反应器停车操作	
序号	姓名/小组		学号	任务分配	
1					
2					
3					
4					
5					
6					

二、任务实施

1.乙丙共聚生产高抗冲击共聚物停车操作。（仿真操作练习）

2.归纳总结乙丙共聚生产高抗冲击共聚物停车操作中出现的问题，进行原因分析及处理。

三、任务评价

任务评价表

评价类别	姓名	评价项目及标准				小计
		任务完成情况(0~3分),认真对待、全部完成、质量高得3分,其余酌情扣分	书写状况(0~2分):书写工整、漂亮得2分,其余酌情扣分	参与讨论情况(0~2分):积极讨论,认真思考2分,其余酌情扣分	承担课堂汇报或展示情况(2~3分,主动承担汇报或展示得3分,指定承担2分)	
小组自评(评价小组内的其他成员,满分10分)						
小组互评(组长汇总评价其他小组,满分10分)	组别	课堂汇报或展示完成情况				小计
		未完成汇报或展示计0分	完成汇报或展示计3分	声音洪亮、表达清晰、内容熟悉、落落大方得4分,其余酌情扣分(1~4分)	回答问题情况:认真对待提问,回答正确,语言组织好得3分,其余酌情扣分(0~3分)	
教师评价(小组成员加、扣分同时计入个人得分,最高5分,最低-5分)	组别	扣分(小组成员讲话、打瞌睡、玩手机或做其他与课堂环节无关的事计-5~-2分)		加分(主动提问、积极回答问题等计2~5分)		小计

说明：

1. 以 4～6 人为一组，人数不宜太多。

2. 小组得分＝小组互评平均分＋教师对小组评分。

3. 个人最后得分＝小组自评分＋小组得分×修正系数＋教师对个人评分。

4. 修正系数＝$\dfrac{\text{个人小组自评得分}}{\text{小组自评平均分}}$×小组互评平均分。

5. 个人得分超过 20 分，以 20 分记载，最低以 0 分记载。

6. 小组自评分由小组长汇总计算个人平均。

7. 个人最后得分由课代表或班委汇总记录。

8. 以上评价均是针对前面的课堂任务或讨论，课程教师也可自行设计任务或讨论的问题。

四、课堂测试

满分 10 分，以仿真操作练习成绩进行折算。

（仿真成绩截图）

五、总结反思

根据评价结果，总结经验，反思不足。

课后任务

预习流化床反应器操作常见异常现象与处理。

学习任务 4 流化床反应器操作常见异常现象与处理

学习乙丙共聚流化床反应器操作的常见异常现象、原因分析及处理方法。

(1)叙述流化床反应器操作常见异常现象。

(2)根据现象正确分析、判断故障原因。

(3)学会处理故障。

完成本次任务需要具备以下知识：

(1)乙丙共聚流化床反应器操作常见异常的类型知识；

(2)化学反应动力学基础知识；

(3)化工仪表基础知识；

(4)化工单元操作热质传递基础知识；

(5)泵、压缩机等动设备常见故障知识。

预习测试

乙丙共聚流化床反应器操作的常见异常现象主要包括设备故障和工艺问题。分述如下。

4.1 泵 P401 停止

现象：温度调节器 TC451 急剧上升，然后 TC401 随之升高。

原因：停电、电机故障或泵 P401 机械故障。

处理：

(1)调节丙烯进料阀 FV404，增加丙烯进料量。

(2)调节压力调节器 PC402，维持系统压力。

(3)调节乙烯进料阀 FV403，维持 C2/C3 比。

4.2 压缩机 C401 停止

现象：系统压力急剧上升。

原因：动力中断或压缩机 C401 机械故障。

处理：

(1)关闭催化剂来料阀 TMP20。

(2)手动调节 PC402，维持系统压力。

(3)手动调节 LC401，维持反应器料位。

4.3 丙烯进料停止

现象：丙烯进料量为 0.0。

原因：丙烯进料阀卡顿。

处理：

(1)手动关小乙烯进料量，维持 C2/C3 比。

(2)关闭催化剂来料阀 TMP20。

(3)手动关小 PV402，维持压力。

(4)手动关小 LC401，维持料位。

4.4 乙烯进料停止

现象：乙烯进料量为 0.0。

原因：乙烯进料阀卡顿。

处理：

(1)手动关丙烯进料，维持 C2/C3 比。

(2)手动关小氢气进料，维持 H_2/C2 比。

流化床事故 1

4.5 D301 供料停止

现象：D301 供料停止。

原因：D301 供料阀 TMP20 关。

处理：

(1)手动关闭 LV401。

(2)手动关小丙烯和乙烯进料。

(3)手动调节压力。

流化床事故 2

一、任务分组

学生分组表

班级		组号		指导教师	
组长		学习任务		流化床反应器操作异常现象与处理	
序号	姓名/小组		学号	任务分配	
1					
2					
3					
4					
5					
6					

二、任务实施

1. 乙丙共聚生产高抗冲击共聚物异常现象处理。(仿真操作练习)

2. 乙丙共聚生产高抗冲击共聚物异常现象的类型(设备故障、进料中断等)判断经验总结及分享。

三、任务评价

任务评价表

评价类别	姓名	评价项目及标准				小计
		任务完成情况（0～3分），认真对待、全部完成、质量高得3分，其余酌情扣分	书写状况（0～2分）：书写工整、漂亮得2分，其余酌情扣分	参与讨论情况（0～2分）：积极讨论，认真思考得2分，其余酌情扣分	承担课堂汇报或展示情况（2～3分，主动承担汇报或展示得3分，指定承担2分）	
小组自评（评价小组内的其他成员，满分10分）						
小组互评（组长汇总评价其他小组，满分10分）	组别	课堂汇报或展示完成情况				小计
		未完成汇报或展示计0分	完成汇报或展示计3分	声音洪亮、表达清晰、内容熟悉、落落大方得4分，其余酌情扣分（1～4分）	回答问题情况：认真对待提问，回答正确，语言组织好得3分，其余酌情扣分（0～3分）	
教师评价（小组成员加、扣分同时计入个人得分，最高5分，最低－5分）	组别	扣分（小组成员讲话、打瞌睡、玩手机或做其他与课堂环节无关的事计－5～－2分）		加分（主动提问、积极回答问题等计2～5分）		小计

说明：

1. 以 4～6 人为一组，人数不宜太多。

2. 小组得分＝小组互评平均分＋教师对小组评分。

3. 个人最后得分＝小组自评分＋小组得分×修正系数＋教师对个人评分。

4. 修正系数＝$\dfrac{\text{个人小组自评得分}}{\text{小组自评平均分}}$×小组互评平均分。

5. 个人得分超过 20 分，以 20 分记载，最低以 0 分记载。

6. 小组自评分由小组长汇总计算个人平均。

7. 个人最后得分由课代表或班委汇总记录。

8. 以上评价均是针对前面的课堂任务或讨论，课程教师也可自行设计任务或讨论的问题。

四、课堂测试

满分 10 分，以仿真操作练习成绩进行折算。

（仿真成绩截图）

五、总结反思

根据评价结果，总结经验，反思不足。

课后任务

预习流化床反应器日常维护与检修。

学习任务 5　流化床反应器日常维护与检修

学习流化床反应器日常维护及故障处理。

(1)熟悉流化床反应器日常维护的内容；

(2)能分析流化床故障的原因；

(3)学会正确处理流化床的故障。

完成本次任务需要具备以下知识：

(1)化学反应动力学基础知识；

(2)乙丙共聚的生产原理知识；

(3)乙丙共聚的生产工艺知识；

(4)化工腐蚀防腐知识；

(5)常用工器具的使用知识。

预习测试

5.1　流化床反应器的日常维护

(1)严格执行各项工艺指标，禁止超温、超压、超负荷运行。

(2)日常维护中要注意检查测温测压设施是否完好、准确、静密封点有无泄漏，保温有无破损，接地是否完好，发现问题及时处理，并做好记录。

(3)如工艺参数有异常变化，应积极查找原因，迅速向有关部门汇报采取措施。

流化床反应器的日常
维护和检修

(4)严格控制反应器投料前的升温速度和投料时的温度，平稳操作。

5.2 流化床反应器常见故障及处理

流化床反应器常见故障及处理(以丙烯氨氧化制丙烯腈流化床为例)见表 4.5-1。

表 4.5-1 流化床反应器常见故障及处理

序号	故障现象	故障原因	处理方法
1	超压	撤热水管泄漏	停工检修
		后系统堵塞	停工检修
2	异常振动	内件松动	停工检修
3	反应温度下降	撤热水管泄漏	停工检修
		进料量下降	调整进料量
4	催化剂损失大	线速不足	调整线速
		旋风分离器失灵	停工检修
		料腿堵塞	停工检修
5	丙烯转化率低	工艺原因	调整工艺参数
		催化剂不足或失效	补加或更换催化剂
		分布管堵塞	停工疏通
6	外壳腐蚀	防腐效果不好	重新防腐
7	壁厚减薄	壳体与催化剂磨损减薄	加强监测
		介质对壳体腐蚀	加强监测

任务实践

一、任务分组

学生分组表

班级		组号		指导教师	
组长		学习任务		流化床反应器日常维护与检修	
序号	姓名/小组		学号	任务分配	
1					
2					
3					
4					
5					
6					

二、任务实施

任务一

1. 检查流化床反应器的运行情况，判断有无超压、振动、腐蚀等，试分析原因，提出处理办法。

2. 如何判断丙烯转化率是否下降？由哪些工艺原因可能导致丙烯转化率偏低，如何调整？

任务二

1. 流化床反应器预热对升温速率有要求吗？为什么？

2. 除表 4.5-1 中所列原因外，催化剂损失还与哪些因素有关？说明理由。

三、任务评价

任务评价表

评价类别	姓名	评价项目及标准				小计
		任务完成情况(0~3分),认真对待、全部完成、质量高得3分,其余酌情扣分	书写状况(0~2分):书写工整、漂亮得2分,其余酌情扣分	参与讨论情况(0~2分):积极讨论,认真思考得2分,其余酌情扣分	承担课堂汇报或展示情况(2~3分,主动承担汇报或展示得3分,指定承担2分)	
小组自评(评价小组内的其他成员,满分10分)						
小组互评(组长汇总评价其他小组,满分10分)	组别	课堂汇报或展示完成情况				小计
		未完成汇报或展示计0分	完成汇报或展示计3分	声音洪亮、表达清晰、内容熟悉、落落大方得4分,其余酌情扣分(1~4分)	回答问题情况:认真对待提问,回答正确,语言组织好得3分,其余酌情扣分(0~3分)	
教师评价(小组成员加、扣分同时计入个人得分,最高5分,最低-5分)	组别	扣分(小组成员讲话、打瞌睡、玩手机或做其他与课堂环节无关的事计-5~-2分)		加分(主动提问、积极回答问题等计2~5分)		小计

说明：

1. 以 4～6 人为一组，人数不宜太多。

2. 小组得分＝小组互评平均分＋教师对小组评分。

3. 个人最后得分＝小组自评分＋小组得分×修正系数＋教师对个人评分。

4. 修正系数＝$\dfrac{\text{个人小组自评得分}}{\text{小组自评平均分}}$×小组互评平均分。

5. 个人得分超过 20 分，以 20 分记载，最低以 0 分记载。

6. 小组自评分由小组长汇总计算个人平均。

7. 个人最后得分由课代表或班委汇总记录。

8. 以上评价均是针对前面的课堂任务或讨论，课程教师也可自行设计任务或讨论的问题。

四、课堂测试

满分 10 分，扫码完成课堂测试。

课堂测试

（课堂测试成绩截图）

五、总结反思

根据评价结果，总结经验，反思不足。

课后任务

复习本模块，准备测试。

单元测试

模块 5
填料塔反应器操作与控制

◀◀◀◀◀◀

模块描述

　　由于既能用于气液吸收，也可用于气液反应，所以填料塔反应器在化工生产中得以广泛应用，与填料塔反应器操作相关的知识和技能在气液反应器操作中具有一定代表性，掌握了这方面的知识和技能，对于学习其他气液反应器操作能起到举一反三的作用。

　　本模块依据《化工总控工国家职业标准》中级工职业标准"化工装置总控操作——开车操作、运行操作和停车操作"要求的知识点和技能点，通过"学习任务 1 认识填料塔反应器、学习任务 2 填料塔反应器开车操作、学习任务 3 填料塔反应器停车操作、学习任务 4 填料塔反应器操作常见异常现象的处理、学习任务 5 填料塔反应器日常维护和检修"学习训练，使学习者具备比较熟练操作和控制填料塔反应器的能力。

模块分析

　　气液反应的特点不同，对气液两相的接触形态和持液量的要求也不同。反应器的结构不同，气液两相的接触形态及热质传递的速率也很不相同，因此，学习填料塔反应器的操作与控制首先应了解填料塔反应器的结构组成和作用及填料类型、规格与性能。反应器操作和控制的主要内容包括开车、停车操作，故障的分析和处理，日常维护与检修等内容。按照认识事物的规律和工作过程的顺序组织学习任务，以真实的化工产品生产为背景开发的仿真软件，使学习者在仿真操作的反复练习中学习操作方法，提高参数的控制和调节水平，有助于达到本模块的学习目标。

学习目标

知识目标：

1. 了解填料塔反应器的工业应用。

2. 掌握填料塔反应器的结构组成和作用。

3. 熟悉常见填料类型及性能评价。

4. 理解温度、压力、气液相比例、空速、填料形状和大小、装填方式、液体在填料表面的分布等因素对反应速率和产物分布的影响。

能力目标：

1. 能绘制填料塔反应器外形结构简图。

2. 能分析操作条件变化对反应速率和产物分布的影响。

3. 能进行填料的装填、卸出、洗涤等操作。

4. 能进行填料塔反应器的开车、停车操作。

5. 能对填料塔反应器生产过程中的异常现象进行分析、判断和处理。

6. 能对填料塔反应器进行简单的日常维护和检修。

素质目标：

1. 培养安全生产意识、环境保护意识、节能意识、成本意识。

2. 树立规范操作意识、劳动纪律和职业卫生意识。

3. 具备资料查阅、信息检索和加工整理等自主学习能力。

4. 具有沟通交流能力、团队意识和协作精神。

5. 培养发现、分析和解决问题的能力。

6. 培养克服困难的勇气和精益求精的工匠精神。

学习任务 1　认识填料塔反应器

任务描述

学习填料塔反应器的工业应用、结构组成及应用等。

(1)叙述填料塔反应器气液接触特点；

(2)叙述填料塔反应器的结构组成及各部分的作用；

(3)绘制填料塔反应器的结构简图。

任务准备

完成本次任务需要具备以下知识：

(1)化工单元操作热质传递知识；

(2)化学反应分类知识；

(3)化学反应器分类知识；

(4)化工制图知识。

预习测试

知识储备

1.1　填料塔反应器在化工生产中的应用

填料塔反应器是在塔内充填一定高度的填料，用以增加气液两相的接触面积而强化传质的反应设备。由于液体沿填料表面下流，在填料表面形成液膜而与气相接触进行反应，故液相主体量较少，适用于瞬间、快速和中速反应过程。填料塔反应器是气-液反应和化学吸收的常用设备，例如，催化热碱吸收 CO_2、水吸收 NO_x 形成硝酸、水吸收 SO_3 生成硫酸等通常都使用填料塔反应器。填料塔反应器具有结构简单、压降小、易于

填料塔反应器的
工业应用

适应各种腐蚀介质和不易造成溶液气泡的优点，特别是在常压和低压下，压降成为主要矛盾和反应溶剂易于起泡时，采用填料反应器尤为适合。

1.2 填料塔反应器的结构

填料塔结构较简单,如图 5.1-1 所示。填料塔的塔身是一个直立式圆筒,底部装有填料支承板,填料以乱堆或整砌的方式放置在支承板上。在填料的上方安装填料压板,以限制填料随上升气流的运动。

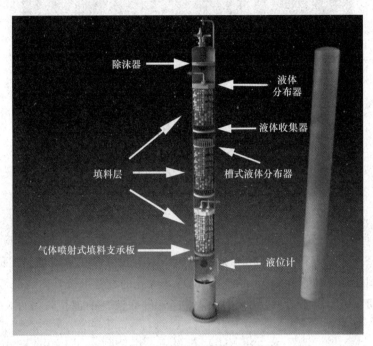

图 5.1-1　填料塔结构示意

(1)塔体。塔体是塔设备的主要部件,大多数塔体是等直径、等壁厚的圆筒体,顶盖以椭圆形封头为多,但随着装置的大型化,不等直径、不等壁厚的塔体逐渐增多。塔体除满足工艺条件对它提出的强度和刚度要求外,还应考虑风力、地震、偏心荷载所带来的影响,以及吊装、运输、检验、开停工等情况。

塔体材质常采用非金属材料(如塑料、陶瓷等)、碳钢(复层、衬里)、不锈耐酸钢等。

(2)塔体支座。塔设备常采用裙式支座,如图 5.1-2 所示。它应当具有足够的强度和刚度,来承受塔体操作质量、风力、地震等引起的荷载。塔体支座的材质常采用碳素钢,也有采用铸铁。

图 5.1-2　裙式支座

（3）人孔。人孔是安装或检修人员进出塔体的唯一通道。人孔的设置应便于人员进入任何一层塔板。对直径大于 800 mm 的填料塔，人孔可设在每段填料层的上、下方，同时兼作填料装卸孔。设在框架内或室内的塔，人孔的设置可按具体情况考虑。

人孔在设置时，一般在气液进出口等需经常维修清理的部位，另外，在塔顶和塔釜也各设置一个人孔。

塔径小于 800 mm 时，在塔顶设置法兰（塔径小于 450 mm 的塔，采用分段法兰连接），不在塔体上开设人孔。

在设置操作平台的地方，人孔中心高度一般比操作平台高 0.7～1 m，最大不宜超过 1.2 m，最小为 600 mm。人孔开在立面时，在塔釜内部应设置手柄（但人孔和底封头切线之间距离小于 1 m 或手柄有碍内件时，可不设置）。

装有填料的塔，应设填料挡板，借以保护人孔，并能在不卸出填料的情况下更换人孔垫片。

（4）手孔。手孔是指手和手提灯能伸入的设备孔口，用于不便进入或不必进入设备即能清理、检查或修理的场合。

手孔又常用作小直径填料塔装卸填料，在每段填料层的上、下方各设置一个手孔。卸填料的手孔有时需附带挡板，以免反应生成物积聚在手孔内。

（5）塔内件。填料塔的内件有填料、填料支承装置、填料压紧装置、液体分布装置、液体收集再分布装置等。合理地选择和设计塔内件，对保证填料塔的正常操作及优良的传质性能十分重要。

1.3 填料性能评价

填料是填料塔的核心构件，它提供了气液两相接触传质的界面，是决定填料塔性能的主要因素。

填料性能的优劣通常根据效率、通量及压降三要素衡量。在相同的操作条件下，填料的比表面积越大，气液分布越均匀，表面的润湿性能越优良，则传质效率越高；填料的空隙率越大，结构越开敞，则通量越大，压降也越低。

国内学者对 9 种常用填料的性能进行了评价，用模糊数学方法得出了各种填料的评估值，从表 5.1-1 可以看出，丝网波纹填料综合性能最好，瓷拉西环最差。

表 5.1-1　常用填料综合性能评价

填料名称	评估值	评价	排序	填料名称	评估值	评价	排序
丝网波纹填料	0.86	很好	1	金属鲍尔环	0.51	一般好	6
孔板波纹填料	0.61	相当好	2	瓷 Intalox	0.41	较好	7
金属 Intalox	0.59	相当好	3	瓷鞍形环	0.38	略好	8
金属鞍形环	0.57	相当好	4	瓷拉西环	0.36	略好	9
金属阶梯环	0.53	一般好	5				

任务实践

一、任务分组

学生分组表

班级		组号		指导教师		
组长		学习任务		认识填料塔反应器		
序号	姓名/小组		学号		任务分配	
1						
2						
3						
4						
5						
6						

二、任务实施

任务一

1. 识读下面填料塔结构简图，指出填料塔反应器结构组成和作用。

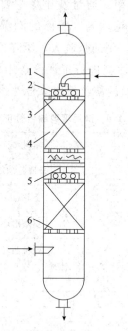

2. 填料塔反应器适于什么反应类型，为什么？试从传质速率与反应速率的相对关系分析。

任务二

1. 绘制填料塔反应器外形结构简图，并注明各部分名称。

2. 查阅资料，了解填料塔反应器的发展趋势，撰写书面报告。

三、任务评价

任务评价表

评价类别	姓名	评价项目及标准				小计
		任务完成情况（0～3分），认真对待、全部完成、质量高得3分，其余酌情扣分	书写状况（0～2分）：书写工整、漂亮得2分，其余酌情扣分	参与讨论情况（0～2分）：积极讨论，认真思考得2分，其余酌情扣分	承担课堂汇报或展示情况（2～3分，主动承担汇报或展示得3分，指定承担2分）	
小组自评（评价小组内的其他成员，满分10分）						
小组互评（组长汇总评价其他小组，满分10分）	组别	课堂汇报或展示完成情况				小计
		未完成汇报或展示计0分	完成汇报或展示计3分	声音洪亮、表达清晰、内容熟悉、落落大方得4分，其余酌情扣分（1～4分）	回答问题情况：认真对待提问，回答正确，语言组织好得3分，其余酌情扣分（0～3分）	
教师评价（小组成员加、扣分同时计入个人得分，最高5分，最低－5分）	组别	扣分（小组成员讲话、打瞌睡、玩手机或做其他与课堂环节无关的事计－5～－2分）		加分（主动提问、积极回答问题等计2～5分）		小计

说明：

1. 以 4～6 人为一组，人数不宜太多。

2. 小组得分＝小组互评平均分＋教师对小组评分。

3. 个人最后得分＝小组自评分＋小组得分×修正系数＋教师对个人评分。

4. 修正系数＝$\dfrac{\text{个人小组自评得分}}{\text{小组自评平均分}}$×小组互评平均分。

5. 个人得分超过 20 分，以 20 分记载，最低以 0 分记载。

6. 小组自评分由小组长汇总计算个人平均。

7. 个人最后得分由课代表或班委汇总记录。

8. 以上评价均是针对前面的课堂任务或讨论，课程教师也可自行设计任务或讨论的问题。

四、课堂测试

满分 10 分，扫码完成课堂测试。

课堂测试

（课堂测试成绩截图）

五、总结反思

根据评价结果，总结经验，反思不足。

课后任务

预习填料塔反应器开车操作。

学习任务 2 填料塔反应器开车操作

学习填料塔反应系统检查、水洗、碱洗、碳酸盐溶液循环和开车操作等。

(1)学习 CO_2 吸收原理、主要设备和工艺参数;

(2)叙述和绘制 CO_2 吸收的工艺流程;

(3)完成填料塔反应器的开车操作;

(4)学会控制填料塔反应器的重要工艺参数。

完成本次任务需要具备以下知识:

(1)碱液吸收 CO_2 的生产原理和工艺流程知识;

(2)化学反应动力学基础知识;

(3)气体溶解和扩散知识;

(4)填料塔反应器开车操作知识。

预习测试

2.1 填料塔反应器开车操作的项目背景

很多化工生产过程都会产生 CO_2,如合成氨生产中一氧化碳的变换工序和环氧乙烷生产过程都会生成 CO_2,为满足后续工序的工艺要求,CO_2 含量需要降到一定的数值。本填料塔仿真操作以环氧乙烷生产过程中的二氧化碳接触塔为项目背景。

2.1.1 CO_2 脱除原理

CO_2 是酸性氧化物,常用碱性溶性吸收,一般用碳酸钾为吸收剂。其反应方程式如下:

$$CO_2 + K_2CO_3 + H_2O \longrightarrow 2KHCO_3$$

这是一个包括气体溶解的气-液非均相反应过程,整体速率受物理扩散速率和反应速率影响。

2.1.2 CO_2 吸收的工艺流程

如图 5.2-1 所示，来自循环压缩机出口循环气（含 CO_2 体积分数为 8.1%）与回收的压缩机出口气体汇合后（含 CO_2 体积分数大约为 8.9%），这股富 CO_2 循环气进入预饱和罐，在预饱和罐内循环气同来自接触塔分离罐的洗涤水逆流接触，直接进行热交换，使循环气温度升高。然后，富 CO_2 循环气进入接触塔的底部，在此循环气与贫碳酸钾溶液接触，循环气中 CO_2 的被碳酸钾溶液吸收，使循环气中的 CO_2 含量减少到 3.86% (V/V)，贫 CO_2 循环气从接触塔的顶部引出到分离罐底部。

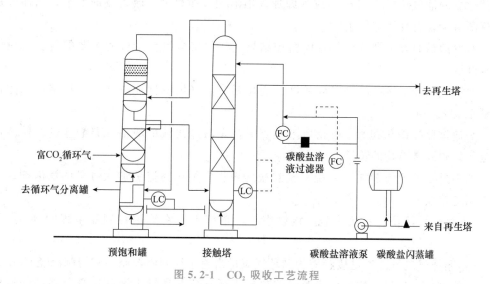

图 5.2-1 CO_2 吸收工艺流程

在分离罐内，贫 CO_2 循环气同来自洗涤水冷却器的水直接接触，被冷却和洗涤。洗涤后的贫 CO_2 循环气离开预饱和罐和循环气分离罐，流到塔底部的分离罐，离开分离罐的贫 CO_2 循环气返回到反应单元。

来自接触塔底部的富 CO_2 碳酸盐溶液减压进入再生塔进料闪蒸罐。在此，溶解在富碳酸盐溶液中的所有碳氢化合物基本上都闪蒸出来，进入气相，作为塔顶采出物，并同再吸收塔塔顶气体一起经回收压缩机送回预饱和罐。

2.1.3 CO_2 吸收的重要设备

预饱和罐、接触塔、碳酸盐溶液泵、碳酸盐闪蒸罐。

2.1.4 CO_2 吸收的重要参数

CO_2 接触塔的控制参数包括碳酸盐流量、消泡剂加入量、接触塔液位和循环气流量。

（1）碳酸盐流量。碳酸盐溶液所需的流量应保持在设计值。如果反应器入口 CO_2 浓度连续超过设计值（或接触塔出口 CO_2 超过设计值），需少量增加碳酸盐溶液流量，应检查贫碳酸盐溶液中碳酸氢盐/碳酸盐的浓度。

（2）消泡剂加入量。接触塔发泡的结果非常有害，会使碳酸盐进入反应系统。应使用一种合适的消泡剂来控制可能发生的起泡。消泡剂应少量添加，不能大量一次加入，初期每天加入 25～50 mL。消泡剂的加入数量和频率应根据循环气通过二氧化碳系统的压差来调节。定期控制碳酸盐溶液的起泡。

为确保发泡可控，最重要的是监视接触塔压降、碳酸盐溶液中乙二醇浓度及铁和其他微粒物质含量等参数的相关变化趋势。

1）通过接触塔的压力降建立气体流量和在稳定状态下压力降的关系。任何压差增加使建立的液位超过 10% 时，应立即加入消泡剂。如果没有改善发泡性能，循环气量应逐渐减少，直到发泡终止。

2）发泡试验要定期分析并且应监控结果。任何来自操作液位的主要的偏差都应分析再确认。

3）在碳酸盐溶液中的乙二醇浓度的变化是由洗涤塔的性能决定的。控制乙二醇含量低于 5%。

4）通过监控铁和其他微粒物质来一直保持碳酸盐溶液的清洁。碳酸盐过滤器的正确运行是脱除微粒物的关键。

如果过量的消泡剂加入系统，碳酸盐溶液将发泡。为避免加入过量的消泡剂，要求使用定量瓶。

（3）接触塔液位。一般来说，接触塔液位最好保持在液位控制器量程的 50%（左右）。

（4）循环气流量。通过接触塔的循环气流量由流量控制阀控制，它控制流经 CO_2 脱除系统的循环气流量，位于从接触塔分离罐去循环气分离罐上游的循环气系统的出口管线上。脱除反应器中产生的 CO_2，在稳定的状态下保持循环气中的 CO_2 浓度。通过调节循环压缩机出口的阀门来间接控制通过接触塔的循环气流量，这个流量应调节到维持反应器进口循环气中的 CO_2 为 7%（摩尔分数）或低于 7%。

当进入接触塔的气体流量变化时，应注意防止起泡或液泛。

（5）洗涤水流量。洗涤水被送到接触塔洗涤部分，然后在液位控制下进入接触塔的预饱和罐部分。在洗涤部分任何由贫 CO_2 循环气带来的碳酸盐都被洗涤下来，在预饱和罐部分富 CO_2 循环气被加热后进入接触塔。避免过大的流量，以防止可能在液体分布器上发生起泡并使水进入反应系统。要监控洗涤水中碳酸盐和碳酸氢盐的含量，如需要，通过再生塔凝液泵向洗涤水回路加入新鲜脱盐水，排出一些水以减少洗涤水中的碳酸盐含量。

（6）预饱和罐液位。一般来说，预饱和罐液位应保持在控制器量程的 50% 左右。

（7）碳酸盐溶液浓度。贫碳酸盐溶液应维持在当量碳酸钾含量为 25%（质量分数）。较低的浓度将降低脱除系统的能力，较高的浓度可能使重碳酸盐结晶沉淀。

2.2 CO_2 吸收的开车操作

碳接触塔的开车操作包括开车前准备和正常开车。

2.2.1 开车前准备

(1)机械清洗及检查。检查接触塔、再生塔和再沸器内部是否有脏物和碎屑，应彻底清除这些杂物。在向塔内装入填料之前，应清洗塔内。检查系统的所有保温及伴热已安装完毕。检查并确认滴孔已设在应有的位置并且是打开的。如果有必要，应检查和清洗过滤器。

(2)水洗。在接触塔升压前，用脱盐水洗涤接触塔和预饱和罐。运行洗涤水流量控制器、液位控制器和压差记录。建立预饱和罐液位，并用洗涤水泵循环洗涤水。

向再生塔加入脱盐水。当液位达到再生塔塔釜视镜顶部时，把水送到碳酸盐闪蒸罐，在液位控制器控制下建立液位，然后用泵将水打到接触塔。到接触塔的碳酸盐流量控制器应打到手动，用以维持碳酸盐溶液泵要求的最小流量。无论何时，在碳酸盐溶液泵运行时，到泵的密封冲洗脱盐水都不能停。另外，所有仪表的冲洗水都应投入运行。接触塔同前面叙述的循环气系统一样用氮气升压到约 1.5 MPa，并同循环气系统隔离。连续补加脱盐水，以维持再生塔和碳酸盐闪蒸罐的液位。在停碳酸盐溶液泵之前，使液位接近各玻璃液位计的顶部。

当操作稳定时，应将控制系统置于自动控制。操作条件应尽量接近设计条件。经过系统的循环水，经常检查泵的过滤网和过滤器，以排除异物。系统应注意确保接触塔不能向再生塔泄压。反复加水循环和排放操作，一直到排水干净为止。

控制低液位开关，防止接触塔排空。观察接触塔的液位，确保报警功能好用。当循环水干净时，通过对再生塔再沸器加蒸气将循环水加热到沸点，并继续循环。再次清除脏物，直到循环水干净为止。

(3)碱洗。在大约 70 ℃温度下，用 4.5% NaOH 溶液碱洗脱除系统。为了防止设备的碱脆化，在任何情况下碱液温度都不允许超过 80 ℃。给再生塔充液，并按水洗程序使水循环到接触塔及再生塔进料闪蒸罐。调节系统存量，使总容量还能增加 30% 左右。当系统循环达到适宜的速率及流量并处于自动控制时，开始向系统中加碱。

碱量应加到使溶液的质量分数达到 4.5%。如果需要，可以向再生塔再沸器中加入蒸气，使溶液温度升到 70 ℃左右。经系统循环碱溶液，以除去油和油脂。在碱洗期间，应经常检查泵过滤网，看溶液过滤器是否有污垢。碱洗循环应持续 24 h(如果过滤网或过滤器仍有污垢，则循环时间应更长一些)，之后将碱液排放。

如果洗涤溶液试样经分析后符合要求，就将系统排空，并用脱盐水对系统冲洗 8～12 h，这时系统可准备用循环气进行干运转。如果洗涤溶液试样经分析后不符合要求，则先用清洁冷水将系统冲洗 8 h 后，再在 70 ℃温度下用 4.5% 的碱液进行第二次碱洗。此操作应直到洗涤溶液显示出满意的低发泡趋势为止。然后将碱液排掉，最终将系统用清洁水冲洗 8 h 后，再往下进行。

(4)加入碳酸盐。加入一定量的碳酸钾制成 30%(质量分数)的碳酸盐溶液。碳酸钾从碳酸盐溶解罐顶部人孔加入，在此罐中碳酸钾被脱盐水及从碳酸盐输送泵出口的循环液溶解。提供低压蒸气促进碳酸盐的溶解(50～70 ℃)。水要加足，使碳酸盐溶液质

量分数达到 $35\%\sim50\%$。

分析碳酸盐溶液浓度，如溶液浓度达到规定值，就把这批料用泵打到碳酸盐贮罐中。这种分批制备过程一直重复进行，到碳酸盐储罐接近装满为止。

把碳酸盐输送到再生塔之前，所有仪表冲洗水应处于使用状态。开始将碳酸盐溶液打进接触塔中，当再生塔和碳酸盐溶液闪蒸罐液位都达到视镜顶部时，将一些碳酸盐溶液打进接触塔，使系统达到设计液位并开始循环。接通碳酸盐溶液过滤器，按需要调节接触塔的塔压，以维持流量。

(5)通过碳酸盐系统的循环气体干运转。一旦加入碳酸盐溶液，整个系统进入稳定操作，则开始进行运转。此时采取循环气系统带循环压缩机共同运行。接触塔分离罐和预饱和罐也应处于运行状态。

在试车期间，轮流启动各泵，以检查各泵的操作运转情况，使碳酸盐过滤器要有一股流量通过。定期分析循环溶液，当热的碳酸盐溶液循环 5 天时间时，系统即已准备好进行脱除。

2.2.2　正常开车

(1)初次开车时，循环气系统必须用氮气升压。

(2)循环水系统必须运行。

(3)循环气压缩机运行，小股物流经过反应器，大部分物流经过旁路。

(4)反应器及反应器冷却器蒸气发生系统运行，反应温度为 200 ℃。

(5)CO_2 脱除系统处于运行状态，有一小股循环气通过。

(6)所有气体分析器投入运行并已标定。

任务实践

一、任务分组

学生分组表

班级		组号		指导教师	
组长		学习任务		填料塔反应器开车操作	
序号	姓名/小组		学号		任务分配
1					
2					
3					
4					
5					
6					

二、任务实施

1. CO_2 吸收开车操作。（仿真操作练习）

2. 总结、分享 CO_2 吸收开车操作控制经验。

三、任务评价

任务评价表

评价类别	姓名	评价项目及标准				小计
		任务完成情况(0～3分)，认真对待、全部完成、质量高得3分，其余酌情扣分	书写状况(0～2分)：书写工整、漂亮得2分，其余酌情扣分	参与讨论情况(0～2分)：积极讨论，认真思考得2分，其余酌情扣分	承担课堂汇报或展示情况(2～3分，主动承担汇报或展示得3分，指定承担2分)	
小组自评（评价小组内的其他成员，满分10分）						

	组别	课堂汇报或展示完成情况			小计
小组互评（组长汇总评价其他小组，满分10分）	组别	未完成汇报或展示计0分	完成汇报或展示计3分	声音洪亮、表达清晰、内容熟悉、落落大方得4分，其余酌情扣分（1~4分）	回答问题情况：认真对待提问，回答正确，语言组织好得3分，其余酌情扣分（0~3分）	小计
教师评价（小组成员加、扣分同时计入个人得分，最高5分，最低-5分）	组别	扣分（小组成员讲话、打瞌睡、玩手机或做其他与课堂环节无关的事计-5~-2分）		加分（主动提问、积极回答问题等计2~5分）	小计

说明：

1. 以4~6人为一组，人数不宜太多。

2. 小组得分＝小组互评平均分＋教师对小组评分。

3. 个人最后得分＝小组自评分＋小组得分×修正系数＋教师对个人评分。

4. 修正系数＝$\dfrac{\text{个人小组自评得分}}{\text{小组自评平均分}}$×小组互评平均分。

5. 个人得分超过20分，以20分记载，最低以0分记载。

6. 小组自评分由小组长汇总计算个人平均。

7. 个人最后得分由课代表或班委汇总记录。

8. 以上评价均是针对前面的课堂任务或讨论，课程教师也可自行设计任务或讨论的问题。

四、课堂测试

满分 10 分，以仿真操作练习成绩进行折算。

（仿真成绩截图）

五、总结反思

根据评价结果，总结经验，反思不足。

预习填料塔反应器停车操作。

学习任务 3 填料塔反应器停车操作

任务描述

学习填料塔反应器的停车操作。

(1)描述填料塔反应器的停车条件;

(2)叙述填料塔反应器的停车操作步骤;

(3)完成填料塔反应器的停车操作。

任务准备

完成本次任务需要具备以下知识:

(1)环氧乙烷生产原理及工艺知识;

(2)CO_2 脱除原理及工艺知识;

(3)CO_2 脱除系统停车条件知识;

(4)CO_2 脱除系统停车操作知识。

预习测试

知识储备

3.1 填料塔反应器的短期停车

(1)当所有的氧气都已耗尽,不再有 CO_2 生成时,切断 CO_2 接触塔气体进出口。

(2)在碳酸氢盐全部转化之前,碳酸盐再生必须继续进行,避免碳酸氢盐因浓度高(达到 55%)而结晶析出。

(3)当溶液完全再生后,停止向再生塔通蒸气。

3.2 填料塔反应器的长期停车(5 天或更长时间)

(1)当所有的氧气都已耗尽,不再有 CO_2 生成时,切断 CO_2 接触塔气体进出口。

(2)在碳酸氢盐全部转化之前,碳酸盐再生必须继续进行,避免碳酸氢盐因浓度高(达到 55%)而结晶析出。

(3)当溶液完全再生后,停止向再生塔通蒸气。

(4)将塔内的液体排到碳酸盐贮罐,并保持碳酸盐贮罐的温度在 70 ℃。

（5）停碳酸盐溶液泵。

任务实践

一、任务分组

学生分组表

班级		组号		指导教师	
组长		学习任务		填料塔反应器停车操作	
序号	姓名/小组		学号		任务分配
1					
2					
3					
4					
5					
6					

二、任务实施

1. CO_2 吸收停车操作。（仿真操作练习）

2. 归纳总结 CO_2 吸收停车操作中出现的问题，进行原因分析及处理。

三、任务评价

任务评价表

评价类别	姓名	评价项目及标准				小计
		任务完成情况（0~3分），认真对待、全部完成、质量高得3分，其余酌情扣分	书写状况（0~2分）：书写工整、漂亮得2分，其余酌情扣分	参与讨论情况（0~2分）：积极讨论，认真思考得2分，其余酌情扣分	承担课堂汇报或展示情况（2~3分，主动承担汇报或展示得3分，指定承担2分）	
小组自评（评价小组内的其他成员，满分10分）						
评价类别	组别	课堂汇报或展示完成情况				小计
		未完成汇报或展示计0分	完成汇报或展示计3分	声音洪亮、表达清晰、内容熟悉、落落大方得4分，其余酌情扣分（1~4分）	回答问题情况：认真对待提问，回答正确，语言组织好得3分，其余酌情扣分（0~3分）	
小组互评（组长汇总评价其他小组，满分10分）						
	组别	扣分（小组成员讲话、打瞌睡、玩手机或做其他与课堂环节无关的事计-5~-2分）		加分（主动提问、积极回答问题等计2~5分）		小计
教师评价（小组成员加、扣分同时计入个人得分，最高5分，最低-5分）						

说明：

1. 以 4～6 人为一组，人数不宜太多。

2. 小组得分＝小组互评平均分＋教师对小组评分。

3. 个人最后得分＝小组自评分＋小组得分×修正系数＋教师对个人评分。

4. 修正系数＝$\dfrac{\text{个人小组自评得分}}{\text{小组自评平均分}}$×小组互评平均分。

5. 个人得分超过 20 分，以 20 分记载，最低以 0 分记载。

6. 小组自评分由小组长汇总计算个人平均。

7. 个人最后得分由课代表或班委汇总记录。

8. 以上评价均是针对前面的课堂任务或讨论，课程教师也可自行设计任务或讨论的问题。

四、课堂测试

满分 10 分，以仿真操作练习成绩进行折算。

（仿真成绩截图）

五、总结反思

根据评价结果，总结经验，反思不足。

课后任务

预习填料塔反应器操作常见异常现象与处理。

学习任务 4　填料塔反应器操作常见异常现象与处理

学习 CO_2 填料塔操作的常见异常现象、原因分析及处理方法。

(1)描述填料塔操作的常见异常现象;

(2)根据异常现象分析判断故障原因;

(3)学会处理故障。

完成本次任务需要具备以下知识:

(1)化学吸收知识;

(2)化学反应动力学基础知识;

(3)化工仪表基础知识;

(4)CO_2 脱除原理知识;

(5)填料塔结构知识;

(6)化工设备操作知识。

预习测试

在生产过程中,CO_2 填料塔常见异常现象与处理方法见表 5.4-1。

表 5.4-1　CO_2 填料塔常见异常现象与处理方法

序号	异常现象	原因分析	操作处理方法
1	解吸塔塔顶温度和压力升高,入口阀处于常开状态,冷却水流量为零	冷却水中断	①打开调压阀保压,关闭加热蒸气阀门,停用再沸器; ②停止向吸收塔进富 CO_2 循环气; ③停止向解吸塔进料; ④关闭循环气出口阀; ⑤停止向吸收塔加入碳酸盐溶液,停止解吸塔回流; ⑥事故解除后按热状态开车操作

序号	异常现象	原因分析	操作处理方法
2	各阀门全开或全闭	仪表风中断	①打开并调节吸收塔碳酸盐溶液流量调节阀的旁通阀，并使流量维持在正常值； ②打开并调节吸收塔塔釜溶液流量调节阀的旁通阀，并使流量维持在正常值； ③打开并调节吸收塔温度和压力调节阀的旁通阀，并使之维持在正常值； ④打开并调节控制解吸塔的液位和回流量调节阀的旁通阀，并使流量维持在正常值
3	循环气中 CO_2 浓度高	①进氧量偏大； ②输送碳酸盐溶液管线堵塞	①设法在系统内碳酸盐溶液倒空之前使碳酸盐溶液流动，以防管线内结晶堵塞； ②立即停止氧气和乙烯进料； ③着手解决碳酸盐溶液倒空及洗塔问题
4	吸收塔有较高液位	再吸收塔釜液泵故障	①将备用泵投入使用； ②如果备用泵不能使用，反应系统应紧急停车
5	①再生塔中液位升高； ②吸收塔塔顶温度升高，压力上升	碳酸盐溶液泵故障	①将备用泵投入使用； ②如果备用泵不能投入使用，应紧急停车，要求停车在由于 CO_2 的积累造成循环气体压力过于升高之前进行

任务实践

一、任务分组

学生分组表

班级		组号		指导教师	
组长		学习任务	填料塔反应器操作常见异常现象与处理		
序号	姓名/小组		学号	任务分配	
1					
2					

班级		组号		指导教师	
3					
4					
5					
6					

二、任务实施

1. 填料塔 CO_2 吸收异常现象处理。（仿真操作练习）

2. 填料塔 CO_2 吸收异常现象的类型（仪表、设备、公用工程故障等）判断经验总结及分享。

三、任务评价

任务评价表

评价类别	姓名	评价项目及标准				小计
		任务完成情况（0～3分），认真对待、全部完成、质量高得3分，其余酌情扣分	书写状况（0～2分）：书写工整、漂亮得2分，其余酌情扣分	参与讨论情况（0～2分）：积极讨论，认真思考得2分，其余酌情扣分	承担课堂汇报或展示情况（2～3分，主动承担汇报或展示得3分，指定承担2分）	
小组自评（评价小组内的其他成员，满分10分）						

		课堂汇报或展示完成情况				小计
小组互评(组长汇总评价其他小组,满分10分)	组别	未完成汇报或展示计0分	完成汇报或展示计3分	声音洪亮、表达清晰、内容熟悉、落落大方得4分,其余酌情扣分(1~4分)	回答问题情况:认真对待提问,回答正确,语言组织好得3分,其余酌情扣分(0~3分)	
教师评价(小组成员加、扣分同时计入个人得分,最高5分,最低-5分)	组别	扣分(小组成员讲话、打瞌睡、玩手机或做其他与课堂环节无关的事计-5~-2分)		加分(主动提问、积极回答问题等计2~5分)		小计

说明:

1. 以4~6人为一组,人数不宜太多。

2. 小组得分=小组互评平均分+教师对小组评分。

3. 个人最后得分=小组自评分+小组得分×修正系数+教师对个人评分。

4. 修正系数=$\dfrac{个人小组自评得分}{小组自评平均分}$×小组互评平均分。

5. 个人得分超过20分,以20分记载,最低以0分记载。

6. 小组自评分由小组长汇总计算个人平均。

7. 个人最后得分由课代表或班委汇总记录。

8. 以上评价均是针对前面的课堂任务或讨论,课程教师也可自行设计任务或讨论的问题。

四、课堂测试

满分 10 分，以仿真操作练习成绩进行折算。

（仿真成绩截图）

五、总结反思

根据评价结果，总结经验，反思不足。

课后任务

预习填料塔反应器日常维护与检修。

学习任务 5　填料塔反应器日常维护与检修

学习填料塔反应器生产过程中常见故障、发生原因及处理方法，填料塔反应器的维护要点。

(1)叙述填料塔反应器的维护要点；

(2)叙述填料塔反应器的常见故障类型；

(3)根据故障现象正确分析原因，并提出合适的处理方法。

任务准备

完成本次任务需要具备以下知识：

(1)填料塔反应器结构知识；

(2)化工腐蚀及防腐基础知识；

(3)物理、化学基础知识；

(4)简单工器具使用知识；

(5)填料塔反应器维护知识。

预习测试

知识储备

5.1　填料塔反应器的维护要点

填料塔是由塔体、喷淋装置、填料、箅板、再分布器及气液进出口等组成的，欲使这些零部件发挥最大效能和延长使用寿命，应做到以下几点：

(1)定期检查、清理、更换莲蓬头或检流管，保持不堵塞、不破损、不偏斜，使喷淋装置能把液体均匀地分布到填料上。

(2)进塔气体的压力和流速不能过大，否则将带走填料或使其紊乱，严重降低气液两相接触效率。

(3)控制进气温度，防止塑料填料软化或变质，增加气流阻力。

(4)进塔的液体不能含有杂物，太脏时应过滤，避免杂物堵塞填料缝隙。

(5)定期检查、防腐、清理塔壁，防止腐蚀、冲刷、挂疤等缺陷。

(6)定期检查算板腐蚀程度，如果被腐蚀变薄则应更换，防止脱落。

(7)定期测量塔壁厚度并观察塔体有无渗漏，发现后及时修补。

(8)经常检查液面，不要淹没气体进口，防止引起振动和异常响声。

(9)经常观察基础下沉情况，注意塔体有无倾斜。

(10)保持塔体油漆完整，外观无挂疤，清洁卫生。

(11)定期打开排污阀门，排放塔底积存脏物和碎填料。

(12)冬季停用时，应将液体放净，防止冻结。

(13)如果压力突然下降，可能的原因是发生了泄漏。如果压力突然上升，可能的原因是填料阻力增加或设备管道堵塞。

(14)防腐层和保温层破坏，此时要对室外保温的设备进行检查，着重检查温度在100 ℃以下的雨水浸入处、保温材料变质处、长期受外来微量腐蚀性流体侵蚀处。

5.2 填料塔反应器常见故障与处理方法

填料塔反应器生产过程中常见故障与处理方法见表 5.5-1。

表 5.5-1 填料塔反应器生产过程中常见故障与处理方法

序号	故障现象	故障原因	处理方法
1	工作表面结垢	①被处理物料中含有机械杂质（如泥、砂等）； ②被处理物料中有结晶析出和沉淀； ③硬水所产生的水垢； ④设备结构材料被腐蚀而产生的腐蚀产物	①加强管理，考虑增加过滤设备； ②清除结晶、水垢和腐蚀产物； ③采取防腐蚀措施
2	连接处失去密封能力	①法兰连接螺栓没有拧紧； ②螺栓拧得过紧而产生塑性变形； ③由于设备在工作中发生振动，而引起螺栓松动； ④密封垫圈产生疲劳破坏（失去弹性）； ⑤垫圈受介质腐蚀而损坏； ⑥法兰面上的衬里不平； ⑦焊接法兰翘起	①拧紧松动螺栓； ②更换变形螺栓； ③消除振动，拧紧松动螺栓； ④更换变质的垫圈； ⑤更换为耐腐蚀垫圈； ⑥加工不平的法兰； ⑦更换新法兰
3	塔体厚度减薄	设备在操作中受到介质的腐蚀、冲蚀和摩擦	减压使用，或修理腐蚀严重部分，或设备报废

序号	故障现象	故障原因	处理方法
4	塔体局部变形	①塔体局部腐蚀或过热,使材料强度降低而引起设备变形; ②开孔无补强或焊缝处的应力集中,使材料的内应力超过屈服极限而发生塑性变形; ③受外压设备,当工作压力超过临界工作压力时,设备失稳而变形	①防止局部腐蚀产生; ②矫正变形,或切割下严重变形处,焊上补板; ③稳定正常操作
5	塔体出现裂缝	①局部变形加剧; ②焊接的内应力; ③封头过渡圆弧弯曲半径太小或未经返火便弯曲; ④水力冲击作用; ⑤结构材料缺陷; ⑥振动与温差的影响; ⑦应力腐蚀	裂缝修理

任务实践

一、任务分组

学生分组表

班级		组号		指导教师	
组长		学习任务		填料塔反应器日常维护与检修	
序号	姓名/小组		学号	任务分配	
1					
2					
3					
4					
5					
6					

二、任务实施

1. 检查填料塔反应器的运行情况，判断有无泄漏、裂缝、变形等，试分析原因，提出处理办法。

2. 反应器操作严禁超温、超压或温度、压力、气体流速等大幅波动，为什么？试从工艺要求和设备影响方面进行分析。

三、任务评价

任务评价表

评价类别	姓名	评价项目及标准				小计
		任务完成情况（0～3分），认真对待、全部完成、质量高得3分，其余酌情扣分	书写状况（0～2分）：书写工整、漂亮得2分，其余酌情扣分	参与讨论情况（0～2分）：积极讨论，认真思考得2分，其余酌情扣分	承担课堂汇报或展示情况（2～3分，主动承担汇报或展示得3分，指定承担2分）	
小组自评（评价小组内的其他成员，满分10分）						
小组互评（组长汇总评价其他小组，满分10分）	组别	课堂汇报或展示完成情况				小计
		未完成汇报或展示计0分	完成汇报或展示计3分	声音洪亮、表达清晰、内容熟悉、落落大方得4分，其余酌情扣分（1～4分）	回答问题情况：认真对待提问，回答正确，语言组织好得3分，其余酌情扣分（0～3分）	
教师评价（小组成员加、扣分同时计入个人得分，最高5分，最低−5分）	组别	扣分（小组成员讲话、打瞌睡、玩手机或做其他与课堂环节无关的事计−5～−2分）		加分（主动提问、积极回答问题等计2～5分）		小计

说明：

1. 以 4～6 人为一组，人数不宜太多。

2. 小组得分＝小组互评平均分＋教师对小组评分。

3. 个人最后得分＝小组自评分＋小组得分×修正系数＋教师对个人评分。

4. 修正系数＝$\dfrac{个人小组自评得分}{小组自评平均分}$×小组互评平均分。

5. 个人得分超过 20 分，以 20 分记载，最低以 0 分记载。

6. 小组自评分由小组长汇总计算个人平均。

7. 个人最后得分由课代表或班委汇总记录。

8. 以上评价均是针对前面的课堂任务或讨论，课程教师也可自行设计任务或讨论的问题。

四、课堂测试

满分 10 分，扫码完成课堂测试。

课堂测试

（课堂测试成绩截图）

五、总结反思

根据评价结果，总结经验，反思不足。

课后任务

复习本模块，准备测试。

单元测试

模块 6
鼓泡塔反应器操作与控制

◄◄◄◄◄◄

模块描述

　　鼓泡塔反应器不仅能用于气—液两相反应，也能用于气—液—固三相反应，不仅能应用于传统化工生产，也能应用于精细化工、生物化工、环境工程等多个行业和部门。对于高黏性物系，鼓泡塔反应器具有独特的优势，因而得以广泛的应用，掌握鼓泡塔反应器的操作知识和技能，对于高职化工类专业的学生提升职业竞争力，拓宽就业渠道，具有非常重要的现实意义。

　　本模块依据《化工总控工国家职业标准》中级工职业标准"化工装置总控操作——开车操作、运行操作和停车操作"要求的知识点和技能点，通过"学习任务 1 认识鼓泡塔反应器、学习任务 2 鼓泡塔反应器开车操作、学习任务 3 鼓泡塔反应器停车操作、学习任务 4 鼓泡塔反应器操作常见异常现象与处理、学习任务 5 鼓泡塔反应器日常维护与检修"学习训练，使学习者具备比较熟练操作和控制鼓泡塔反应器的能力。

模块分析

　　气液反应的特点不同，对气液两相的接触形态和持液量的要求也不同。反应器的结构不同，气液两相的接触形态及热质传递的速率也很不相同，因此，学习鼓泡塔反应器的操作与控制首先应了解鼓泡塔反应器的分类、结构组成和作用。反应器操作和控制的主要内容包括开车、停车操作，异常现象的分析和处理，日常维护和检修等内容。按照认识事物的规律和工作过程的顺序组织学习任务，以真实的化工产品生产为背景开发的仿真软件，使学习者在仿真操作的反复练习中学习操作方法，提高参数的控制和调节水平，有助于达到本模块的学习目标。

学习目标

知识目标：

1. 了解鼓泡塔反应器的工业应用、分类和适用的反应类型。
2. 熟悉鼓泡塔反应器的特点。
3. 掌握鼓泡塔反应器的结构组成和作用。

能力目标：

1. 能绘制鼓泡塔反应器外形结构简图。
2. 能分析操作条件变化对反应速率和产物分布的影响。
3. 能进行鼓泡塔反应器的开车、停车操作。
4. 能对鼓泡塔反应器操作中的异常现象进行分析、判断和处理。
5. 能对鼓泡塔反应器进行日常维护和简单检修。

素质目标：

1. 培养安全生产意识、环境保护意识、节能意识、成本意识。
2. 树立规范操作意识、劳动纪律和职业卫生意识。
3. 具备资料查阅、信息检索和加工整理等自主学习能力。
4. 具有沟通交流能力、团队意识和协作精神。
5. 培养发现、分析和解决问题的能力。
6. 培养克服困难的勇气和精益求精的工匠精神。

学习任务 1　认识鼓泡塔反应器

学习鼓泡塔反应器的工业应用、结构组成及应用等。
(1)简述鼓泡塔反应器气液接触特点；
(2)叙述简单鼓泡塔反应器的结构组成及各部分的作用；
(3)绘制鼓泡塔反应器的结构简图。

完成本次任务需要具备以下知识：
(1)化工单元操作热质传递知识；
(2)化学反应分类知识；
(3)化学反应器分类知识；
(4)化工制图知识。

预习测试

1.1　鼓泡塔反应器在化工生产中的应用

鼓泡塔反应器是气体以鼓泡的方式与液体接触并进行反应的塔式反应设备。鼓泡塔反应器在化工生产有着广泛的应用。由于装载的液体量较多，热容量较大，特别适用于慢反应或伴有大量热效应的反应系统。与釜式反应器相比，鼓泡塔反应器具有较大的高径比，由于气体扰动加快了气－液、液－液的热质传递速率，使得反应器内的浓度和温度比较均匀，因而鼓泡塔反应器不再需要设置专门的机械搅拌，简化了设备结构和投资成本。与连续操作釜式反应器一样，鼓泡塔反应器返混程度大，不适用于高浓度反应。

鼓泡塔反应器的
工业应用

1.2　鼓泡塔反应器的类型与结构

鼓泡塔反应器类型较多，根据结构不同可分为空心式、多段式、气提式和液体喷射式。下面对各种鼓泡塔反应器的类型做简单的介绍。

1.2.1　鼓泡塔反应器的常见类型

图 6.1-1 为简单鼓泡塔反应器。图 6.1-2 为空心式鼓泡塔反应器，这类反应器在化学工业上得到了广泛的应用，最适用于缓慢化学反应系统或伴有大量热效应的反应系统。若热效应较大时，可在塔内或塔外装备热交换单元，图 6.1-3 为具有塔内热交换单元的鼓泡塔反应器。

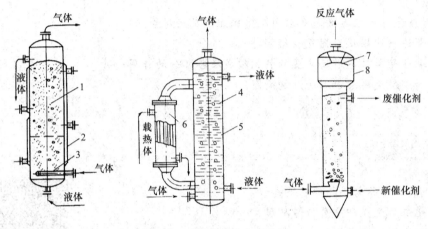

图 6.1-1　简单鼓泡塔反应器

1—塔体；2—夹套；3—气体分布器；4—塔体；5—挡板；6—塔外换热器；7—液体捕集器；8—扩大段

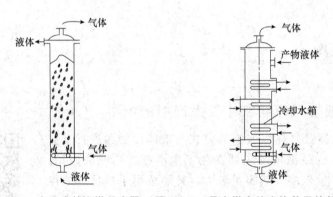

图 6.1-2　空心式鼓泡塔反应器　图 6.1-3　具有塔内热交换单元的鼓泡塔反应器

为克服鼓泡塔中的液相返混现象，当高径比较大时，也常采用多段式鼓泡塔反应器，以提高反应效果，如图 6.1-4 所示。对于高黏性物系，如生化工程的发酵、环境工程中活性污泥的处理、有机化工中催化加氢(含固体催化剂)等情况，常采用气提式鼓泡塔反应器(图 6.1-5)或液体喷射式鼓泡塔反应器(图 6.1-6)，此种类型利用气体提升和液体喷射形成有规则的循环流动，可以强化反应器传质效果，并有利于固体催化剂的悬浮。此类反应器又统称为环流式鼓泡塔反应器，它具有径向气液流动速度均匀，轴向弥散系数较低，传热、传质系数较大，液体循环速度可调节等优点。

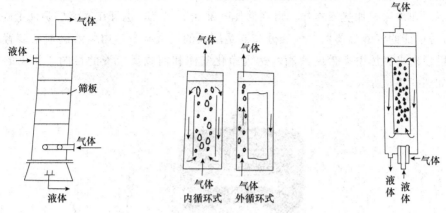

图 6.1-4　多段式鼓泡塔反应器　　图 6.1-5　气提式鼓泡塔反应器　　图 6.1-6　液体喷射式鼓泡塔反应器

1.2.2　鼓泡塔反应器的结构

鼓泡塔反应器主要由三部分组成。

(1)塔底部气体分布器。气体分布器的作用是使气体均匀地分布在液层中。对气体分布器的结构要求是气体分布管上的孔径大小应合适，使鼓出的气泡直径小，液相层中含气率增加，液层内搅动激烈，气液相接触面积大，有利于两相之间的传质。常见气体分布器结构如图 6.1-7 所示。

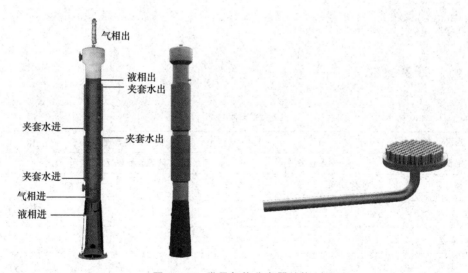

图 6.1-7　常见气体分布器结构

(2)塔筒体部分。塔筒体是反应物进行化学反应和物质传递的物理空间，主要是气液鼓泡层。如果需要加热或冷却，可在筒体外部加上夹套，也可在气液层中加上蛇管。

(3)塔顶部的气液分离器。气液分离器是塔顶的扩大部分，内装液滴捕集装置，以分离从塔顶出来气体中夹带的液滴，达到净化气体和回收反应液的目的。常见的气液分离器如图 6.1-8 所示。

图 6.1-8　常见的气液分离器

任务实践

一、任务分组

学生分组表

班级		组号		指导教师	
组长		学习任务		认识鼓泡塔反应器	
序号	姓名/小组		学号		任务分配
1					
2					
3					
4					
5					
6					

二、任务实施

任务一

1. 识读下面鼓泡塔反应器结构简图，指出鼓泡塔反应器结构组成和作用。

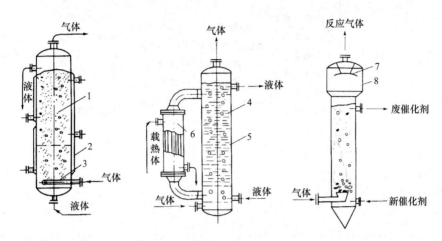

2. 鼓泡塔反应器适用于什么反应类型？为什么？试从传质速率与反应速率的相对关系分析。

任务二

1. 绘制带气升管的鼓泡塔反应器外形结构简图，并注明各部分名称。

2. 查阅资料，了解鼓泡塔反应器的发展趋势，撰写书面报告。

三、任务评价

任务评价表

评价类别	姓名	评价项目及标准				小计
		任务完成情况（0～3分），认真对待、全部完成、质量高得3分，其余酌情扣分	书写状况（0～2分）：书写工整、漂亮得2分，其余酌情扣分	参与讨论情况（0～2分）：积极讨论，认真思考得2分，其余酌情扣分	承担课堂汇报或展示情况（2～3分，主动承担汇报或展示得3分，指定承担2分）	
小组自评（评价小组内的其他成员，满分10分）						
小组互评（组长汇总评价其他小组，满分10分）	组别	课堂汇报或展示完成情况				小计
		未完成汇报或展示计0分	完成汇报或展示计3分	声音洪亮、表达清晰、内容熟悉、落落大方得4分，其余酌情扣分（1～4分）	回答问题情况：认真对待提问，回答正确，语言组织好得3分，其余酌情扣分（0～3分）	
教师评价（小组成员加、扣分同时计入个人得分，最高5分，最低-5分）	组别	扣分（小组成员讲话、打瞌睡、玩手机或做其他与课堂环节无关的事计-5～-2分）		加分（主动提问、积极回答问题等计2～5分）		小计

说明：

1. 以 4~6 人为一组，人数不宜太多。

2. 小组得分＝小组互评平均分＋教师对小组评分。

3. 个人最后得分＝小组自评分＋小组得分×修正系数＋教师对个人评分。

4. 修正系数 ＝ $\dfrac{\text{个人小组自评得分}}{\text{小组自评平均分}}$ × 小组互评平均分。

5. 个人得分超过 20 分，以 20 分记载，最低以 0 分记载。

6. 小组自评分由小组长汇总计算个人平均。

7. 个人最后得分由课代表或班委汇总记录。

8. 以上评价均是针对前面的课堂任务或讨论，课程教师也可自行设计任务或讨论的问题。

四、课堂测试

满分 10 分，扫码完成课堂测试。

课堂测试

（课堂测试成绩截图）

五、总结反思

根据评价结果，总结经验，反思不足。

课后任务

预习鼓泡塔反应器开车操作。

学习任务2　鼓泡塔反应器开车操作

任务描述

学习鼓泡塔反应器开车准备和开车操作等。

(1)叙述乙烯与苯反应生成乙苯的原理、主要设备和工艺参数;

(2)叙述和绘制乙苯生产的工艺流程;

(3)完成鼓泡塔反应器的开车操作;

(4)控制反应过程中的重要工艺参数。

任务准备

完成本次任务需要具备以下知识:

(1)乙烯与苯反应生成乙苯的原理和工艺流程知识;

(2)化学反应动力学基础知识;

(3)气体溶解和扩散知识;

(4)化工安全知识;

(5)环保知识;

(6)鼓泡塔反应器开车操作知识。

预习测试

知识储备

2.1　鼓泡塔反应器开车操作的项目背景

2.1.1　乙苯生产的原理

以三氯化铝复合体为催化剂,乙烯气体与苯在液相中进行烃化反应,生成乙苯。其反应方程式如下:

$$C_6H_6 + C_2H_4 \xrightarrow[\text{95 ℃}]{AlCl_3 \text{复合体}} C_6H_5C_2H_5\text{(乙苯)}$$

生成的乙苯还能与乙烯继续反应,生成深度烃化产物。

$$C_6H_5C_2H_5 + C_2H_4 \longrightarrow C_6H_4(C_2H_5)_2\text{(二乙苯)}$$

$$C_6H_4(C_2H_5)_2 + C_2H_4 \longrightarrow C_6H_3(C_2H_5)_3\text{(三乙苯)}$$

如果乙烯浓度高，甚至可以生成四乙苯、五乙苯、六乙苯。副产物二乙苯、三乙苯和四乙苯等统称多乙苯。

反应生成的乙苯、多乙苯和未反应的过量苯的混合物称为烃化液。

在烃化反应的同时，由于三氯化铝复合体催化剂的存在，也能进行反烃化反应，如

$$C_6H_4(C_2H_5)_2 + C_6H_6 \longrightarrow 2C_6H_5C_2H_5$$

2.1.2　乙苯生产的工艺流程

乙苯生产的工艺流程如图 6.2-1 所示。来自苯储槽的精苯用苯泵送入烃化塔，乙烯气经缓冲器送入烃化塔，根据反应的实际情况用乙烯间隙地将三氯化铝催化剂从三氯化铝槽定量地压入烃化塔。苯和乙烯在三氯化铝催化剂的存在下起反应，烃化塔内的过量苯蒸气及未反应的乙烯气经过捕集器捕集，使带出的烃化液回至烃化液沉降槽，其余气体进入循环苯冷凝器中冷凝。从烃化塔出来的流体经气液分离器后，回收苯送入水洗塔，分离出来的尾气(即 HCl 气体)进入尾气洗涤塔洗涤。沉降槽上层烃化液流入烃化液缓冲罐，进入缓冲罐的烃化液由于烃化系统本身的压力压进水洗塔底部进口，水洗塔上部出口溢出的烃化液进入烃化液中间槽，水洗塔中的污水由底部排至污水处理系统。由烃化液中间罐出来的烃化液与由碱液罐出来的 NaOH 溶液一起经过中和泵混合中和，中和之后的混合液进入油碱分离沉降槽沉降分离。

从烃化塔出来的烃化液带有部分三氯化铝复合体催化剂，这部分三氯化铝复合体催化剂经过冷却沉降以后，有活性的一部分送回烃化塔继续使用，另一部分综合利用分解处理。

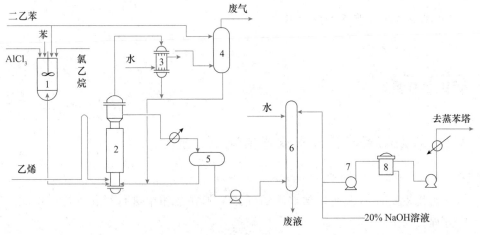

图 6.2-1　乙苯生产的工艺流程

1—催化剂配制槽；2—烃化塔(鼓泡塔反应器)；3—冷凝器；4—二乙苯吸收器；5—沉降槽；
6—水洗塔；7—中和泵；8—油碱分离器

2.1.3 乙苯生产的重要参数

温度：约 95 ℃。

压力：0.03~0.05 MPa(表压)。

烃化液酸碱度：pH＝7~9。

第一油碱分离器界面：1/3~1/2。

2.2 鼓泡塔反应器的开车操作

若是原始开车，需进行开车前的准备。

2.2.1 开车准备

(1)用一定量的空气对系统进行吹扫，直至干净、干燥，并保证无泄漏(吹扫时，先开调节阀旁路阀，再开调节阀，即凡有旁路阀的需先开旁路阀)。

(2)组织开车人员全面检查本系统工艺设备，仪表、管线、阀门是否正常和安装正确，是否已吹扫，试压后的盲板是否已经拆除，即全部处于完善备用状态。

(3)保证制备好 $AlCl_3$ 复合体，打好苯和碱液，即原材料必须全部准备就绪。

(4)关闭所有入烃化塔阀门(即乙烯阀、苯阀、苯计量槽出口阀、多乙苯转子流量计前后的旁路阀)，关闭各设备排污阀，关闭去事故槽阀，关闭烃化液沉降槽，关闭放废复合体阀，关闭各取样阀，开启各安全阀之根部阀，开启各设备放空阀，开启尾气塔进气阀，关闭各泵进出口阀，开启各种仪表、调节阀，再做一次全面检查。

(5)与调度联系水、电、气及其他原料。

2.2.2 开车操作

(1)开启水解塔、尾气塔进水阀，开启Ⅱ型管出水阀，调节进水量和出水量，系统稍开烃化冷却、冷凝、进出水阀。

(2)排放苯贮槽中的积水，分析苯中含水量，要求不超过 1 000 μL/L。

(3)开启乙烯缓冲罐，用乙烯置换至 $O_2 \leqslant 0.2\%$ 后，使乙烯罐内充乙烯，至 0.3 MPa 稳定后，切入压力自调阀。

(4)排尽蒸气管中冷凝水，开启蒸气总阀，使车间总管上有蒸气。

(5)开启入烃化塔苯管线上的阀门和苯泵，打开多乙苯转子流量计阀，向塔内打苯和多乙苯，停泵，沉降 2 h 左右，从烃化塔底排水。

(6)从催化剂配制槽压一定量催化剂进入烃化塔。

(7)用中和泵抽新碱液入第一油碱分离器，至分离器的 1/2 高度(看液位计)。

(8)开烃化塔上部二节冷却水。

(9)往烃化塔下部第一节夹套通入 0.1 MPa 左右的蒸气。

(10)稍开乙烯阀，向塔内通乙烯，按照塔内温度上升速率为 30~40 ℃/h，控制乙烯进入烃化塔的流量，并注意尾气压力和尾气塔中洗涤情况。

(11)根据通入乙烯后反应情况和夹套加热，可调节蒸气量和冷却水量。

(12)当烃化塔内反应温度升至 85～90 ℃时，再开苯泵，稳定泵压为 0.3 MPa，开启泵流量计，调节苯进料流量，并加大乙烯流量，根据温度情况反复调节，保证温度在 95 ℃左右，并且苯量是乙烯量的 8～10 倍。

(13)在反应过程中，每小时向塔内压入新 $AlCl_3$ 复合体一次，压入量可按进苯量的 5%～8% 计(8% 的量是指刚开车，沉降槽内还未回流时)。

(14)经常巡回，根据设备、管道的温度估计烃化塔出料情况。当看到烃化液充满烃化液缓冲罐时，开始观察水解塔，注意水解塔下水情况(下水需清晰，但带有少量 $Al(OH)_3$)。一般水解塔进水量可控制在烃化塔进料量的 1～1.3 倍，使油水界面稳定于水解塔中部位置。

(15)水解塔正常后，中和泵开始打油水分离沉降槽中的碱液，进行循环，然后开烃化液入中和泵阀门，调小入中和泵碱液阀，使烃化液吸入，观察烃化液中间槽中的烃化液液面并稳定于 1/4。

(16)调节第一油碱分离沉降槽的碱液循环量，使烃化液与碱液分界面在贮槽的 1/3 处，烃化液从第一油碱分离沉降槽上部出口溢出进入第二油碱分离沉降槽，再从第二油碱分离沉降槽上部进入烃化液贮槽，贮存后供精馏开车使用。碱液仍入中和泵循环使用。

(17)中和开车后。可通知精馏岗位做开车准备，通知分析工分析烃化液酸碱性，烃化液酸碱度应为 7～9，并维持第一油碱分离器界面在 1/3～1/2 处。

2.2.3　正常操作

(1)烃化温度。烃化温度的高低直接影响产品的质量。温度过高时，深烃化物生成量增多，选择性下降；温度过低时，反应速率减小，产量下降。通常维持烃化温度在 (95±5) ℃。生产中常采用三种方法来控制反应温度：第一种方法是控制苯进量，由于该烃化反应是放热反应，当反应温度偏高时，可以减少进苯量，反之则增大进苯量；第二种方法是采用向烃化塔外夹套通入水蒸气或冷却水方法来控制；第三种方法是通过回流烃化液的温度进行调节。

(2)烃化压力。烃化压力的考虑因素主要是在反应温度下苯的挥发度，在一个标准大气压下苯的沸点是 80 ℃，而反应温度为 (95±5) ℃，因此必须维持一定的正压。通常反应压力为 0.03～0.05 MPa(表压)。

(3)流量控制。鼓泡塔反应器在正常操作时，反应物苯在鼓泡塔中是连续相，乙烯是分散相。通常取苯的流量为乙烯流量的 8～11 倍，$AlCl_3$ 复合体加入量为苯流量的 4%～5%。

一、任务分组

学生分组表

班级		组号		指导教师	
组长		学习任务		鼓泡塔反应器开车操作	
序号	姓名/小组		学号	任务分配	
1					
2					
3					
4					
5					
6					

二、任务实施

1. 乙烯和苯反应生产乙苯开车操作。（仿真操作练习）
2. 总结、分享乙烯和苯反应生产乙苯温度控制经验。

三、任务评价

任务评价表

评价类别	姓名	评价项目及标准				小计
		任务完成情况（0～3分），认真对待、全部完成、质量高得3分，其余酌情扣分	书写状况（0～2分）：书写工整、漂亮得2分，其余酌情扣分	参与讨论情况（0～2分）：积极讨论，认真思考得2分，其余酌情扣分	承担课堂汇报或展示情况（2～3分，主动承担汇报或展示得3分，指定承担2分）	
小组自评（评价小组内的其他成员，满分10分）						
	组别	课堂汇报或展示完成情况				小计
小组互评（组长汇总评价其他小组，满分10分）		未完成汇报或展示计0分	完成汇报或展示计3分	声音洪亮、表达清晰、内容熟悉、落落大方得4分，其余酌情扣分（1～4分）	回答问题情况：认真对待提问，回答正确，语言组织好得3分，其余酌情扣分（0～3分）	
教师评价（小组成员加、扣分同时计入个人得分，最高5分，最低－5分）	组别	扣分(小组成员讲话、打瞌睡、玩手机或做其他与课堂环节无关的事计－5～－2分)		加分(主动提问、积极回答问题等计2～5分)		小计

说明：

1. 以 4～6 人为一组，人数不宜太多。

2. 小组得分＝小组互评平均分＋教师对小组评分。

3. 个人最后得分＝小组自评分＋小组得分×修正系数＋教师对个人评分。

4. 修正系数＝$\dfrac{\text{个人小组自评得分}}{\text{小组自评平均分}}$×小组互评平均分。

5. 个人得分超过 20 分，以 20 分记载，最低以 0 分记载。

6. 小组自评分由小组长汇总计算个人平均。

7. 个人最后得分由课代表或班委汇总记录。

8. 以上评价均是针对前面的课堂任务或讨论，课程教师也可自行设计任务或讨论的问题。

四、课堂测试

满分 10 分，以仿真操作练习成绩进行折算。

（仿真成绩截图）

五、总结反思

根据评价结果，总结经验，反思不足。

课后任务

预习鼓泡塔反应器停车操作。

学习任务 3　鼓泡塔反应器停车操作

任务描述

学习鼓泡塔反应器的停车操作。

(1)叙述鼓泡塔反应器的停车操作步骤;

(2)完成鼓泡塔反应器的正常停车操作。

任务准备

完成本次任务需要具备以下知识:

(1)苯与乙烯反应生产乙苯的原理及工艺知识;

(2)鼓泡塔反应器的正常停车操作知识;

(3)鼓泡塔反应器的临时停车操作知识;

(4)鼓泡塔反应器的紧急停车操作知识。

预习测试

知识储备

3.1　鼓泡塔反应器的正常停车

(1)与调度室联系决定停车后,通知前后工序及其他岗位做停车准备。

(2)切断苯泵电源,停止进苯,立即关闭苯入塔阀门,然后再关闭操作室与现场调节阀前后阀。

(3)与造气联系停送乙烯气,关闭乙烯气入塔阀门,然后关闭其调节阀前后阀。

(4)继续往水解塔进水,待水解塔内烃化液由上部溢完后停止进水,并由底部排污阀放完塔内存水。

(5)停止加入新 $AlCl_3$ 复合体,关闭复合体入塔阀门。

(6)关闭烃化液冷却器进水阀,并放完存水。

(7)停止烃化塔夹套加热,并放完存水。

(8)停止尾气洗涤塔进水。

(9)乙烯缓冲罐进行放空。

(10)在水解塔做好停车步骤期间，待烃化液中间罐内物料出完后，停烃化液中和泵，关闭进出口阀门及关碱液循环阀门。

(11)待油碱分离沉降槽内烃化液溢完后，放出油碱分离沉降槽内的碱液。

(12)关闭所有其他阀门，停止使用一切仪表，并在停车后进行一次全面复查。

3.2 鼓泡塔反应器的临时停车

3.2.1 临时停车由班长与工段长或车间负责人根据以下情况酌情处理

(1)冷却水、蒸气、电中断或生产所必需条件的某一条件被破坏。

(2)外车间影响，中断乙烯气，或乙烯不符合要求。

(3)反应温度高于 100 ℃ 且在 1～2 h 内仍无法调节。

(4)设备管线及阀门发现有严重堵塞或因腐蚀泄漏，经抢救仍无效时。

3.2.2 临时停车及停车步骤

(1)参照正常停车(1)～(5)进行。

(2)放完烃化塔夹套存水。

(3)停车 8 h 以上需对烃化塔内物料继续进行保温。

(4)临时停车后重新开车，参照正常开车相应阶段进行。

3.3 鼓泡塔反应器的紧急停车

当工段内或有关工段及车间发生火情、雷击、台风等情况，需紧急停车，步骤如下：

(1)立即切断进乙烯气及进苯阀门，停止进料。

(2)与调度联系，停送原料气。

(3)停进 $AlCl_3$ 复合体。

(4)按临时停车步骤处理。

任务实践

一、任务分组

学生分组表

班级		组号		指导教师	
组长		学习任务		鼓泡塔反应器停车操作	
序号	姓名/小组		学号	任务分配	
1					

2			
3			
4			
5			
6			

二、任务实施

1. 鼓泡塔反应器停车操作。（仿真操作练习）

2. 归纳总结鼓泡塔反应器停车操作中出现的问题，进行原因分析及处理。

三、任务评价

任务评价表

评价类别	姓名	评价项目及标准				小计
		任务完成情况（0～3分），认真对待、全部完成、质量高得3分，其余酌情扣分	书写状况（0～2分）：书写工整、漂亮得2分，其余酌情扣分	参与讨论情况（0～2分）：积极讨论，认真思考得2分，其余酌情扣分	承担课堂汇报或展示情况（2～3分，主动承担汇报或展示得3分，指定承担2分）	
小组自评（评价小组内的其他成员，满分10分）						

	组别	课堂汇报或展示完成情况				小计
小组互评 (组长汇总评价其他小组,满分10分)		未完成汇报或展示计0分	完成汇报或展示计3分	声音洪亮、表达清晰、内容熟悉、落落大方得4分,其余酌情扣分(1~4分)	回答问题情况:认真对待提问,回答正确,语言组织好得3分,其余酌情扣分(0~3分)	小计

	组别	扣分(小组成员讲话、打瞌睡、玩手机或做其他与课堂环节无关的事计−5~−2分)	加分(主动提问、积极回答问题等计2~5分)	小计
教师评价 (小组成员加、扣分同时计入个人得分,最高5分,最低−5分)				

说明:

1. 以4~6人为一组,人数不宜太多。

2. 小组得分＝小组互评平均分＋教师对小组评分。

3. 个人最后得分＝小组自评分＋小组得分×修正系数＋教师对个人评分。

4. 修正系数 ＝ $\dfrac{个人小组自评得分}{小组自评平均分}$ × 小组互评平均分。

5. 个人得分超过20分,以20分记载,最低以0分记载。

6. 小组自评分由小组长汇总计算个人平均。

7. 个人最后得分由课代表或班委汇总记录。

8. 以上评价均是针对前面的课堂任务或讨论,课程教师也可自行设计任务或讨论的问题。

四、课堂测试

满分 10 分，以仿真操作练习成绩进行折算。

（仿真成绩截图）

五、总结反思

根据评价结果，总结经验，反思不足。

课后任务

预习鼓泡塔反应器操作常见异常现象与处理。

学习任务 4　鼓泡塔反应器操作常见异常现象与处理

学习鼓泡器塔反应器操作的常见异常现象、原因分析及处理方法。

(1)简述鼓泡器塔反应器操作的常见异常现象;

(2)练习根据异常现象分析判断原因;

(3)练习处理故障。

任务准备

完成本次任务需要具备以下知识:

(1)乙苯生产原理和工艺知识;

(2)化学反应动力学基础知识;

(3)化工仪表基础知识;

(4)鼓泡塔结构知识;

(5)化工设备操作知识。

预习测试

知识储备

4.1　鼓泡塔常见异常现象及处理方法

苯烃化生产乙苯中,鼓泡塔反应器生产过程中常见异常现象及处理方法见表 6.4-1。

表 6.4-1　鼓泡塔反应器生产过程中常见异常现象及处理方法

序号	异常现象	原因分析判断	操作处理方法
1	反应压力高	①苯中带水; ②尾气管线堵塞; ③苯回收冷凝器断水; ④乙烯进量过多	①立即停止苯及乙烯进料并将气相放空; ②停车检修; ③检查停水原因再行处理; ④减少乙烯进料量,或增加苯流量

序号	异常现象	原因分析判断	操作处理方法
2	反应温度高	①鼓泡塔夹套冷却水未开或未开足； ②AlCl₃复合回流温度高； ③苯中带水； ④乙烯进量过多	①开足夹套冷却水； ②增大烃化液冷却器进水量； ③停止苯进料，放出苯中存水； ④减少乙烯进料量或增加苯流量
3	反应温度低	①鼓泡塔夹套冷却水过大； ②AlCl₃复合体回流温度低； ③AlCl₃复合体活性下降，或加水量太少； ④乙烯进量过少或苯进量过多	①减少或关闭夹套进水； ②减少烃化液冷却器进水量； ③放出废复合体，补充新复合体； ④增加乙烯流量或减少苯流量
4	鼓泡塔底部堵塞	①苯中含硫化物或苯中带水； ②乙烯中含硫化物或带块烃多； ③AlCl₃质量不好； ④排放废 AlCl₃ 量太少	①、②由鼓泡塔底部放出堵塞物或由复合体沉降槽底部排除废复合体； ③退回仓库； ④增加排放废 AlCl₃ 量
5	冷却、冷凝器出水 pH<7	设备防腐衬里破裂或已烂穿，腐蚀严重	停止进水，放出存水，停车检修
6	鼓泡塔底部阀门严重泄漏	腐蚀严重	停车调换阀门。紧急时可将塔内物料放入事故贮槽
7	油碱分离器第一沉降槽，物料由放空管跑出	中和泵进碱液量太大	关放空阀门，适当减少进液量

4.2 其他事故处理

（1）水、电、气、原料乙烯、苯中断，可按临时停车处理。

（2）火警事故。

1）车间内发生火情，由岗位人员、班长、工段长及车间负责人根据火警情况决定处理意见。

2）工段内发生火情，进行紧急停车，同时报警进行灭火。

3）造气车间及与本工段有关联的单位发生火情或其他事故，应立即与调度联系，决定处理意见。

4）工段内发生严重雷击或大台风，不能维持生产，进行紧急停车。

5）AlCl₃ 计量槽液面管破裂，在可能条件下立即关闭液面管上下阀门开关，并立即开 AlCl₃ 溶液出料阀，关乙烯进气阀，开放空阀，出完料后进行修理。

一、任务分组

学生分组表

班级		组号		指导教师	
组长		学习任务		鼓泡塔反应器常见异常现象与处理	
序号	姓名/小组		学号	任务分配	
1					
2					
3					
4					
5					
6					

二、任务实施

1. 鼓泡塔反应器异常现象处理。（仿真操作练习）

2. 鼓泡塔反应器异常现象的类型（工艺参数异常、泄漏、堵塞等）判断经验总结及分享。

三、任务评价

任务评价表

评价类别	姓名	评价项目及标准				小计
		任务完成情况（0～3分），认真对待、全部完成、质量高得3分，其余酌情扣分	书写状况（0～2分）：书写工整、漂亮得2分，其余酌情扣分	参与讨论情况（0～2分）：积极讨论，认真思考得2分，其余酌情扣分	承担课堂汇报或展示情况（2～3分，主动承担汇报或展示得3分，指定承担2分）	
小组自评（评价小组内的其他成员，满分10分）						
小组互评（组长汇总评价其他小组，满分10分）	组别	课堂汇报或展示完成情况				小计
		未完成汇报或展示计0分	完成汇报或展示计3分	声音洪亮、表达清晰、内容熟悉、落落大方得4分，其余酌情扣分（1～4分）	回答问题情况：认真对待提问，回答正确，语言组织好得3分，其余酌情扣分（0～3分）	
教师评价（小组成员加、扣分同时计入个人得分，最高5分，最低-5分）	组别	扣分（小组成员讲话、打瞌睡、玩手机或做其他与课堂环节无关的事计-5～-2分）		加分（主动提问、积极回答问题等计2～5分）		小计

说明：

1. 以 4～6 人为一组，人数不宜太多。

2. 小组得分＝小组互评平均分＋教师对小组评分。

3. 个人最后得分＝小组自评分＋小组得分×修正系数＋教师对个人评分。

4. 修正系数＝$\dfrac{个人小组自评得分}{小组自评平均分}$×小组互评平均分。

5. 个人得分超过 20 分，以 20 分记载，最低以 0 分记载。

6. 小组自评分由小组长汇总计算个人平均。

7. 个人最后得分由课代表或班委汇总记录。

8. 以上评价均是针对前面的课堂任务或讨论，课程教师也可自行设计任务或讨论的问题。

四、课堂测试

满分 10 分，以仿真操作练习成绩进行折算。

（仿真成绩截图）

五、总结反思

根据评价结果，总结经验，反思不足。

课后任务

预习鼓泡塔反应器日常维护与检修。

学习任务 5　鼓泡塔反应器日常维护与检修

任务描述

学习鼓泡塔反应器生产过程中常见故障、发生原因及处理方法，鼓泡塔反应器的维护要点。

(1)简述鼓泡塔反应器常见的设备故障类型；

(2)叙述鼓泡塔反应器的日常维护要点。

任务准备

完成本次任务需要具备以下知识：

(1)鼓泡塔反应器结构知识；

(2)化工腐蚀及防腐基础知识；

(3)物理、化学基础知识；

(4)简单工器具使用知识；

(5)鼓泡塔反应器维护知识。

预习测试

知识储备

5.1　鼓泡塔反应器维护要点

5.1.1　停车检查

塔设备停止生产时，要卸掉塔内压力，放出塔内所有存留物料，然后向塔内吹入蒸气清洗。打开塔顶大盖(或塔顶气相出口)进行蒸煮、吹除、置换、降温，然后自上而下地打开塔体人孔。在检修前，要做好防火、防爆和防毒的安全措施，既要把塔内部的可燃性或有毒性介质彻底清洗吹净，又要对设备内及塔周围现场气体进行化验分析，达到安全检修的要求。

5.1.2　塔体检查

(1)每次检修都要检查各附件(压力表、安全阀与放空阀、温度计、单向阀、消防蒸气阀等)是否灵活、准确。

(2)检查塔体腐蚀、变形、壁厚减薄、裂纹及各部分焊接情况，进行超声波测厚和理化鉴定，并做详细记录，以备研究改进及作为下次检修的依据。经检查鉴定，如果认为对设计允许强度有影响，可进行水压试验，其值参阅有关规定。

（3）检查塔内污垢和内部绝缘材料。

5.1.3　塔内外检查

（1）检查塔板各部件的结焦、污垢、堵塞情况，检查塔板、鼓泡构件和支承结构的腐蚀及变形情况。

（2）检查塔板上各部件（出口堰、受液盘、降液管）的尺寸是否符合图纸及标准。

（3）对于浮阀塔板，应检查其浮阀的灵活性，是否有卡死、变形、冲蚀等现象，浮阀孔是否有堵塞。

（4）检查各种塔板、鼓泡构件等部件的紧固情况，是否有松动现象。

5.2　鼓泡塔反应器常见故障与处理方法

鼓泡塔反应器生产过程中常见故障与处理方法见表 6.5-1。

表 6.5-1　鼓泡塔反应器生产过程中常见故障与处理方法

序号	故障现象	故障原因	处理方法
1	塔体出现变形	①塔局部腐蚀或过热，使材料强度降低而引起设备变形； ②开孔无补强或焊缝处的应力集中，使材料的内应力超过屈服极限而发生塑性变形； ③受外压设备，当工作压力超过临界工作压力时，设备失稳而变形	①防止局部腐蚀产生； ②矫正变形，或切割下严重变形处，焊上补板； ③稳定正常操作
2	塔体出现裂缝	①局部变形加剧； ②焊接的内应力； ③封头过渡圆弧弯曲半径太小或未经返火便弯曲； ④水力冲击作用； ⑤结构材料缺陷； ⑥振动与温差的影响	裂缝修理
3	塔板越过稳定操作区	①气相负荷减小或增大，液相负荷减小； ②塔板不水平	①控制气相、液相流量，调整降液管、出入口堰高度； ②调整塔板水平度
4	鼓泡元件脱落和腐蚀	①安装不牢； ②操作条件破坏； ③泡罩材料不耐腐蚀	①重新调整； ②改善操作，加强管理； ③选择耐腐蚀材料，更新泡罩

一、任务分组

学生分组表

班级		组号		指导教师	
组长		学习任务		鼓泡塔反应器日常维护与检修	
序号	姓名/小组		学号	任务分配	
1					
2					
3					
4					
5					
6					

二、任务实施

1. 检查鼓泡塔反应器的运行情况，判断有无裂缝、变形等，试分析原因，提出处理办法。

2. 鼓泡塔维护需要做哪些项目的检查？进行检查之前需要做哪些准备工作？

三、任务评价

任务评价表

评价类别	姓名	评价项目及标准				小计
		任务完成情况(0～3分),认真对待、全部完成、质量高得3分,其余酌情扣分	书写状况(0～2分):书写工整、漂亮得2分,其余酌情扣分	参与讨论情况(0～2分):积极讨论,认真思考得2分,其余酌情扣分	承担课堂汇报或展示情况(2～3分,主动承担汇报或展示得3分,指定承担2分)	
小组自评(评价小组内的其他成员,满分10分)						
小组互评(组长汇总评价其他小组,满分10分)	组别	课堂汇报或展示完成情况				小计
		未完成汇报或展示计0分	完成汇报或展示计3分	声音洪亮、表达清晰、内容熟悉、落落大方得4分,其余酌情扣分(1～4分)	回答问题情况:认真对待提问,回答正确,语言组织好得3分,其余酌情扣分(0～3分)	
教师评价(小组成员加、扣分同时计入个人得分,最高5分,最低-5分)	组别	扣分(小组成员讲话、打瞌睡、玩手机或做其他与课堂环节无关的事计-5～-2分)		加分(主动提问、积极回答问题等计2～5分)		小计

说明：

1. 以 4~6 人为一组，人数不宜太多。

2. 小组得分＝小组互评平均分＋教师对小组评分。

3. 个人最后得分＝小组自评分＋小组得分×修正系数＋教师对个人评分。

4. 修正系数＝$\dfrac{个人小组自评得分}{小组自评平均分}$×小组互评平均分。

5. 个人得分超过 20 分，以 20 分记载，最低以 0 分记载。

6. 小组自评分由小组长汇总计算个人平均。

7. 个人最后得分由课代表或班委汇总记录。

8. 以上评价均是针对前面的课堂任务或讨论，课程教师也可自行设计任务或讨论的问题。

四、课堂测试

满分 10 分，扫码完成课堂测试。

课堂测试

（课堂测试成绩截图）

五、总结反思

根据评价结果，总结经验，反思不足。

课后任务

复习本模块，准备测试。

单元测试

测试习题答案

参考文献

[1]陈炳和，许宁．化学反应过程与设备[M]．4版．北京：化学工业出版社，2018.

[2]张晓娟．精细化工反应过程与设备[M]．北京：中国石化出版社，2008.

[3]张濂，许志美．化学反应器分析[M]．上海：华东理工大学出版社，2005.

[4]张濂，许志美，袁向前．化学反应工程原理[M]．2版．上海：华东理工大学出版社，2007.

[5]杨志才．化工生产中的间歇过程[M]．北京：化学工业出版社，2001.

[6]韩文光．化工装置实用操作技术指南[M]．北京：化学工业出版社，2001.

[7]李绍芬．反应工程[M]．3版．北京：化学工业出版社，2013.

[8]朱炳辰．化学反应工程[M]．5版．北京：化学工业出版社，2012.

[9]陈甘棠．化学反应工程[M]．4版．北京：化学工业出版社，2021.

[10]刘承先，文艺．化学反应器操作实训[M]．北京：化学工业出版社，2008.

[11]王正平，陈兴娟．精细化学反应设备分析与设计[M]．北京：化学工业出版社，2004.

[12]周学良．催化剂[M]．北京：化学工业出版社，2002.

[13]王尚弟，孙俊全．催化剂工程导论[M]．3版．北京：化学工业出版社，2015.

[14]黄仲涛，耿建铭．工业催化[M]．4版．北京：化学工业出版社，2020.

[15]杨春晖，郭亚军．精细化工过程与设备(修订版)[M]．哈尔滨：哈尔滨工业大学出版社，2018.

[16]高正中．实用催化[M]．2版．北京：化学工业出版社，2011.

[17]米镇涛．化学工艺学[M]．2版．北京：化学工业出版社，2006.